AIGC 从入门到实战

ChatGPT + Midjourney + Stable Diffusion + 行业应用

韩泽耀 袁兰 郑妙韵 著

人民邮电出版社

北京

图书在版编目（CIP）数据

AIGC从入门到实战：ChatGPT+Midjourney+Stable Diffusion+行业应用 / 韩泽耀，袁兰，郑妙韵著. -- 北京：人民邮电出版社，2023.12
ISBN 978-7-115-62900-5

Ⅰ. ①A··· Ⅱ. ①韩··· ②袁··· ③郑··· Ⅲ. ①人工智能 Ⅳ. ①TP18

中国国家版本馆CIP数据核字(2023)第192619号

内 容 提 要

本书旨在探讨 AIGC（Artificial Intelligence Generated Content）的发展历程、应用范围及其对社会和个人的影响，从而帮助读者深入了解并应用人工智能技术。

本书共分为 8 章。第 1 章介绍了 ChatGPT 和 AIGC 的发展历史，以及核心技术的演进与应用。第 2 章详细探讨了 ChatGPT 的特点、功能，以及它在文科和理科领域的应用。第 3 章深入介绍了 ChatGPT 及其他 AIGC 对个人的赋能，包括原理、成本、应用场景、高质量答案的提问技巧，以及如何利用 ChatGPT 进行编程。此部分还提到了 AIGC 时代下的职业规划。第 4 章重点介绍了 AIGC 在创意领域的应用，特别是 Midjourney 工具的使用。第 5 章讲解了如何使用 AIGC 技术来创建数字人分身，使他们能够说话、唱歌，甚至成为主播。第 6 章强调了 AIGC 如何赋能职场，包括辅助设计、思维导图生成、文本创作、市场调研与策划、短视频创作，以及办公软件使用。第 7 章介绍了 AIGC 在不同行业和领域的创新场景，包括电商、传媒、金融、教育行业，以及工业领域等。第 8 章介绍了如何有效应对 AI 革命。书末还推荐了许多 AIGC 相关的资源。

本书的目标读者包括对人工智能和 AIGC 技术感兴趣的专业人士、创意工作者、职场人士，以及那些希望了解如何在 AIGC 时代发挥创造力的人。

- ◆ 著　　　　韩泽耀　袁 兰　郑妙韵
  责任编辑　蒋 艳
  责任印制　王 郁　胡 南
- ◆ 人民邮电出版社出版发行　　北京市丰台区成寿寺路 11 号
  邮编　100164　　电子邮件　315@ptpress.com.cn
  网址　https://www.ptpress.com.cn
  涿州市般润文化传播有限公司印刷
- ◆ 开本：700×1000　1/16
  印张：12.5　　　　　　2023 年 12 月第 1 版
  字数：208 千字　　　　2025 年 4 月河北第 15 次印刷

定价：69.80 元

读者服务热线：(010)81055410　印装质量热线：(010)81055316
反盗版热线：(010)81055315

序

近年来，人工智能领域出现了若干现象级产品，如耳熟能详的 AlphaGo、AlphaFold 和 ChatGPT，这些现象级产品表现出较强的内容生成能力（即"无中生有"）：AlphaGo 根据当前落子局势，从对已有落子的学习中生成一个策略，以更好应对当前落子；AlphaFold 从蛋白质的基因序列和其三维空间结构的配对数据中进行学习后，按照给定的基因序列输入，生成一个刻画生命功能的蛋白质三维结构；ChatGPT 这一复杂的神经网络大模型，按照"共生则关联"的原理，挖掘出句子段落中单词和单词之间共生的概率，辅以人类反馈信息，以机器智能实现统计关联下的语言生成。

上述技术推动人工智能由识人辨物和预测决策等向内容生成跃升，即人工智能生成内容（Artificial Intelligence Generated Content, AIGC）。AIGC 塑造了内容生成的新范式，成为智能数字交往的有力手段，悄然促进一场文明范式的转型，使得版权、工作、教育和信任等概念发生巨大变化。

《AIGC 从入门到实战：ChatGPT+Midjourney+Stable Diffusion+ 行业应用》是顺应这个潮流所撰写的一本"及时雨"般的图书。

数学家和哲学家诺伯特·维纳（Norbert Wiener）在 1950 年出版了一本极具洞察力和先见之明的著作《人有人的用处：控制论与社会》（*The Human Use of Human Beings: Cybernetics and Society*），目的就是希望人在技术世界中活得更有尊严、更有人性，而不是相反。机器是人创造出来的，人的作用就是在人和机器共处的社会中，不断用自己的知识让机器变得更加强大。可以说，人工智能与人类协作可以创造出精彩文字和精美图案，这些都是对客观世界中诸多元素的一种"概率组合"，真正的创新创作源头在人类自身。

但是，ChatGPT 的出现将会带动人类社会诸多领域在业务模式上发生一次变革，为更多的奇妙"多样性"打开一扇窗户，因为"人有人的用处"。

希望本书能帮助更多人实现真正的创新创作。

吴飞

CAAI 教育工委会主任

浙江大学人工智能研究所所长

求是特聘教授、国家杰青获得者、CAAI Fellow

前　言

OpenAI 的联合创始人之一萨姆·阿尔特曼（Sam Altman）曾说，他希望让每个人都能使用达到人类水平或超越人类水平的 AI，从而解放大家的时间、激发创造力。这一观点贴切地阐释了为何需要掌握人工智能生成内容（Artificial Intelligence Generated Content，AIGC）工具的使用。AIGC 在文本生成、图像生成和代码生成等领域的应用，显著提升了工作效率，助力了财富的创造。

在成长的岁月里，我亲历了计算机和互联网的飞速发展，见证了人工智能的兴起。这个领域蕴藏的无限潜能激发了我持续学习和探索的动力。

从年少时起，我就对计算机编程充满兴趣。记得 386 台式计算机刚问世时，我节衣缩食，努力攒下了一笔钱，再加上微薄的奖学金，终于带回了一台。当时，虽然只有 Fortran、Pascal 等"古老"的编程语言可用，但这并没有减弱我的热情。当我成功编写出第一个游戏程序时，看到同学们沉浸其中，我激动得仿佛在纳斯达克敲钟一样。

这种创造出一个东西，以及解决一个问题的过程让我兴奋无比。而现在，在 AIGC 的辅助下，这种创造带来的财富和快乐可以属于每一个人。

正因如此，我决定组织本书的撰写。我希望将 AIGC 的原理与应用方式传播给更多人，让 AI 工具不再局限于科学家或程序员等专业人士的圈子里，而是成为像 Word 和 Excel 一样普惠大众的工具：企业员工能用 AI 撰写总结和制作报表，大学生能在毕业设计中借助 AI 进行创作，创作者能用 AI 制作视频……从而迅速完成复杂且耗时的任务，将更多时间和精力投入更有价值和更加创新的工作中。通过 AI，人们可以拓展知识领域和技能，提升专业水平和竞争力，激发潜能和创造力，与我一样享受创造的乐趣，拥有更多的机会和更美好的未来。

使用 AI 的过程就像与伙伴一同进行头脑风暴。庞大的数据资源和模板资源，使得用户宛如站在巨人的肩膀上，能够快速整合各学科知识，总结古今中外的智慧。在短短几秒内，AI 能为我们解读千万册图书，走遍千万里路程。

同时，与 AI 互动犹如与智者对话，能够激发我们的灵感、想象力和创造力，催生前所未有的创意。例如，在编写这本书时，通过向 AI 进行精准提问，AI 向我们提供了插图，还为目录的编写提供了建议。

无论你是学生，还是刚入职场的新人，抑或已有一定工作经验的人员，若想提高工作效率，激发创造力，提升人力资本价值，本书都可以满足你的需求。

提到 AIGC，或许有人会觉得其高深莫测，担心要使用它，需要有编程基础，从而望而却步。实际上，这种顾虑是多余的。我们将在本书中解析 AIGC，让你发现它并非天边高不可攀的云彩，而是触手可及的水滴。我们会逐步教你掌握 AIGC 工具的使用技能。本书语言朴实简洁，避免过多地使用专业术语，你无须具备编程基础，只要熟悉常见办公软件的操作即可。

阅读完本书，你将全面理解 AIGC 的原理、基本概念和发展过程，了解多种 AIGC 工具的功能、优劣之处和使用方法。你将能根据个人需求和目标选择适合的 AIGC 工具，创造高质量、有价值的内容。

同时，我希望你明白 AI 只是一种技术手段，是辅助工具。它虽强大，但并非无所不能，它目前无法理解人类的情感或价值观，不能准确判断内容的真实性和合理性，也无法匹敌人类的创造力和批判性思维。因此，我们应善用 AI，不可盲目依赖。

韩泽耀　博士

2023 年 9 月 9 日

写于上海张江

目录

第 1 章

落霞与孤鹜齐飞：
AIGC 汹涌而来

1.1 涌现：人工智能的应用

1.1.1 基于大模型的人工智能应用的涌现和爆发

在远古的地球上发生了一个重要事件：寒武纪生命大爆发。那是指在 5.4 亿年前的寒武纪，新的生命形态大量出现的过程。

在那之前，地球上的生命形态相对单一，生命活动主要是单细胞微生物的简单代谢，缺乏多样性。

当海水的氧气水平略微超过某个阈值，生物便能够更高效地进行代谢，这个微小的变化对于地球生命的演化来说却具有深远的影响：氧气的增加促进了生物体的进化和分化，大量生物种类涌现，有机体的形态日益多样、结构越发复杂。涌现仅在一瞬之间——从混沌态中出现的多种多样的生物，构成了绚烂的生物世界，如图 1-1 所示。

和寒武纪的生物进化近似的是，基于大模型的人工智能应用也是这样涌现的。

自 2016 年 3 月，DeepMind 公司的 AlphaGo 战胜围棋世界冠军李世石后，人工智能一直在飞速发展，只是和寻常人的交集并不多，通常会在某个特定领域或项目中表现卓越。

而 2016 年后，在人工智能的自然语言处理领域，随着开源 GPT 版本的不断演进，Open AI 公司在这个基础上持续研究，不断探索、引入新的技术路线，尤其在引入强化学习方法后，很好地提升了模型的效果。

Open AI 在模型训练中，引入了人类专家。人类专家一方面能帮助 ChatGPT 撰写更符合人类习惯的回答，另一方面，也对生成的结果进行排名，实现模型的优化。

而且 Open AI 自成立之初，就致力于打造通用人工智能（Artificial General Intelligence，AGI），并坚定地持续投入研究。在这样的愿景下，Open AI 吸引了一大批高水平的人才，心无旁骛地开展研发工作。当商用 GPT 大模型的训练参数到达 1750 亿个时，人工智能也在一瞬间爆发了。

ChatGPT 很快便万众瞩目，影响力"破圈"，引发了大众的关注，激发了大众的热情和创造力，大家基于各自感兴趣的话题与 ChatGPT "聊天"，或幽默搞笑、或严肃认真，"聊天记录"在朋友圈和媒体上屡屡"刷屏"。还有人用它写新闻、作诗、翻译、编写代码，引发了热议。

图 1-1

2023 年 1 月 25 日，美国财经杂志《财富》给予了 ChatGPT 一段精彩的评价：在每一代人的时代里，总有一些创新产品，会突然从工程部门昏暗的地下室里、年轻书呆子们气味难闻的卧室里，或者孤僻的科技嗜好者的"藏身之处"诞生，最终发展成为广大人群，包括你的祖父母在内的各个年龄层人士都能熟练操作的日常用品。

2023 年 3 月 21 日，在英伟达主办的 2023 年 GTC（GPU Technology Conference，GPU 技术大会）上，英伟达的首席执行官黄仁勋提出了"AI 的 iPhone 时刻"的概念，表示以 ChatGPT 为代表的基于大模型的 AI 技术，和 iPhone 横空出世一样，已经到达了给行业带来革命性颠覆的时间点。

说到这里，想必大家会有疑问：什么叫大模型，人工智能大模型是什么？

人工智能大模型是支撑 ChatGPT 的基石。

之前，人工智能大多针对特定的场景应用进行训练，生成的模型难以迁移到其他场景，属于"小模型"的范畴。整个训练过程中，不仅手工调参工作量大，还需要给机器"投喂"海量的标注数据，这拉低了人工智能的研发效率，且成本较高。

大模型通常是在无标注的大数据集上，采用自监督学习的方法进行训练的。之后，在其他场景的应用中，开发者只需要对模型进行微调，或采用少量数据进行二次训练，就可以满足新应用场景的需要。

这意味着，对大模型的改进可以让所有的下游小模型受益，大幅扩展人工智能的适用场景，提升人工智能研发效率，因此大模型成为业界重点投入的方向，Open AI、谷歌、Meta、微软、百度、阿里巴巴、腾讯、华为等纷纷推出了自己的大模型。

特别是 OpenAI GPT 3 大模型，它在翻译、问答、内容生成等领域的不俗表现，让业界看到了实现通用人工智能的希望。

当前 ChatGPT 是基于 GPT-3.5 的，在 GPT-3 的基础之上进行了调优，能力进一步增强。

ChatGPT 是 AIGC（Artificial Intelligence Generated Content，人工智能生成内容）的代表性应用之一，我们可以将其理解为，ChatGPT 主要实现人工智能的文生文（根据提示文字，利用大模型生成文字内容），而其他的 AIGC 工具则会不同程度地生成其他内容，譬如图片、音频、视频。

目前，在各大公司推出的 AIGC 产品中，ChatGPT 遥遥领先并有望延续自己的优势。当然，AIGC 产品也十分丰富，相关应用层出不穷，并日渐成熟，如表 1-1 所示。

表 1-1　主要的 AIGC 产品

公司名称	主要 AIGC 产品	产品领域
OpenAI	ChatGPT、DALL-E 2	文本、图片
Midjourney	Midjourney	图片
Stability AI	Stable Diffusion	图片、音频、视频
Google	Claude、Bard	文本、图片
Microsoft	Bing	文本、图片
Jasper	Jasper AI	文本

公司名称	主要 AIGC 产品	产品领域
Github	Copilot X	代码
Notion	Notion AI	文本
D-ID	D-ID	视频合成
Runway	Runway	图像、视频
百度	文心一言、文心一格	文本、图片
阿里巴巴	通义千问	文本
科大讯飞	讯飞星火	文本

AIGC 大潮出现的一大好处是，AI 应用门槛迅速下降，它变成了所有人都能用，所有行业都能用的"技术工具"。用唐朝诗人刘禹锡的诗句来形容就是，旧时王谢堂前燕，飞入寻常百姓家。

1.1.2 人工智能应用大规模涌现的原因

大模型基础上的人工智能应用大规模涌现，有多方面原因。

首先，随着硬件技术的不断发展，计算能力得到了大幅提升，让训练更大、更复杂的模型成为可能。例如，图形处理器（Graphics Processing Unit，GPU）、张量处理器（Tensor Processing Unit，TPU）等专门为人工智能任务设计的硬件加速器，以及分布式计算等技术，都为大模型的训练提供了强有力的支持。

其次，数据的大量积累和开放十分有利于机器学习和深度学习模型的训练和优化。特别是互联网和移动设备等的广泛应用，产生了大量的结构化和非结构化数据，如图像、文本、语音等，丰富了机器学习和深度学习的语料库。

再次，新的算法和模型的涌现也推动了大模型的发展。例如，BERT、GPT 等基于 Transformer 结构的预训练模型，在自然语言处理领域表现出色，得到了大规模应用。同时，强化学习、生成对抗网络（Generative Adversarial Network，GAN）、变分自编码器（Variational AutoEncoder，VAE）等新兴算法和模型也在更多的应用场景中发挥着作用。

最后，云计算、容器化、自动化运维等技术的发展，为人工智能的大规模部署提供了可靠的基础设施和运营支持。这些技术为企业和组织提供了便利，创造了经济效益，使得人工智能应用可以更加快速、有效地被部署和应用。

1.1.3 人工智能应用发展较快的领域

表 1-2 中列出的人工智能应用领域，在 ChatGPT、Midjourney 等为代表的大模型应用出现前后发展都比较快，未来发展速度会更快，但是具体应用内容有所差别。

表 1-2　大模型应用出现前后人工智能应用示例

人工智能应用领域	大模型应用出现之前的典型应用	大模型应用出现之后的应用示例	场景和领域的重要变化
自然语言处理	让计算机理解自然语言，例如，文本分类、情感分析、问答系统等，已经广泛应用于搜索引擎、智能客服、智能写作等领域	在文本生成、文本分类、问答系统、机器翻译等领域广泛应用 代表应用：OpenAI GPT 系列模型、百度 ERNIE 模型、谷歌 BERT 模型等	搜索引擎、智能客服、智能写作等领域的改进和创新
语音助手语音识别	语音助手的普及，语音识别技术在智能家居、智能医疗、智能交通等领域的应用 代表应用：苹果 Siri、亚马逊 Alexa、谷歌 Google Assistant	在语音转文字、语音唤醒、语音交互等领域有着广泛应用 代表应用：百度 DeepSpeech、DeepSpeech2	智能家居、智能医疗、智能交通等领域的变革
图像识别 / 计算机视觉	让计算机识别和理解图像中的物体、场景和情境，例如，人脸识别、车牌识别、智能安防等领域	在图像识别、图像分割、目标检测等领域有着广泛应用 代表应用：Facebook Detectron、谷歌 Inception 系列模型	视觉监控、智能驾驶、智能安防等领域的进步
智能推荐系统	根据用户的历史数据和兴趣偏好，为用户提供个性化的推荐服务，例如，社交网络、电商平台、在线音乐等	基于大模型的推荐系统技术在电商、视频、音乐等领域有着广泛应用 代表应用：淘宝的 Transformer 模型、Netflix 的 Neural Collaborative Filtering 模型	电商、视频、音乐等领域个性化推荐的发展
自动驾驶	使车辆在无人驾驶的情况下行驶，已经开始试验并逐步应用于物流、出租车、公共交通等领域	基于大模型的自动驾驶技术在汽车、物流等领域有着广泛应用 代表应用：特斯拉 Autopilot、Waymo 的自动驾驶技术	交通运输领域自动驾驶的进一步发展和应用
生成对抗网络	在图像生成、视频生成、音频生成等领域有着广泛应用	在电商、视频、音乐等领域有着广泛应用 代表应用：英伟达 StyleGAN、OpenAI 的 DALL-E	创意领域的生成模型应用增多

续表

人工智能应用领域	大模型应用出现之前的典型应用	大模型应用出现之后的应用示例	场景和领域的重要变化
医疗健康	基于规则的专家系统用于辅助诊断和治疗决策 统计分析和回归模型用于流行病学研究和预测	在医疗影像分析、医疗辅助诊断等领域有着广泛应用,代表应用: IBM 的 Watson Health、华为云的智慧医疗 基于大模型的医疗影像分析、医疗辅助诊断,如肺部 CT 扫描分析、病理切片识别等	医学影像分析、辅助诊断等领域的提升和改进
金融科技	传统的统计模型和规则引擎用于风险评估和信用评分 传统的时间序列模型和回归模型用于市场预测和投资决策	基于大模型的金融科技将大展身手: 腾讯云的智能投顾、中信银行的 AI 风控系统	金融风险管理、投资决策等领域的创新和改善

以上只是当前涌现的一部分人工智能应用,随着技术的不断发展和创新,未来还将涌现更多的人工智能应用。

 1.2 基建: 人工智能时代的变迁

1.2.1 历史上人工智能科学发展史的三个阶段

人工智能的科学发展历程可以分为以下三个阶段。

1. 规则推理阶段(1956 年至 20 世纪 80 年代初)

这个阶段的人工智能主要使用符号推理方法,基于一些规则和知识来进行决策。该阶段的代表性成果是专家系统。然而,专家系统面临的问题是它们需要人工编写大量规则,且不能处理模糊和不确定的信息。

2. 统计学习阶段(20 世纪 80 年代至 21 世纪 10 年代初)

随着统计学习方法的兴起,人工智能开始转向从数据中学习知识和规律。这个阶段的代表性成果是支持向量机(SVM)和神经网络。这类方法的主要特点是使用数据训练模型,并通过大量数据来提高模型的准确性和泛化能力。然而,由于计算能力和数据量的限制,这些方法并未在实际应用中取得重大突破。

3. 深度学习阶段（21 世纪 10 年代初至今）

深度学习是一种基于神经网络的机器学习方法，它可以自动学习高层次抽象特征，并在大规模数据上训练更复杂的模型。这个阶段的代表性成果是深度神经网络（Deep Neural Network，DNN）和卷积神经网络（Convolutional Neural Network，CNN）。深度学习方法的出现，使得人工智能在图像识别、自然语言处理、语音识别等方面取得了重大突破。

当然，我们可以从另外一个角度，即人工智能发展态势的起伏，来将其发展区分为不同的阶段，如图 1-2 所示。

• 早期萌芽阶段：指人工智能的起源和初期探索阶段，即 1956 年至 20 世纪 90 年代中期。

• 沉淀积累阶段：指人工智能技术和理论得到深入研究和积累的阶段，即 20 世纪 90 年代中期至 21 世纪 10 年代中期。

• 快速发展阶段：指人工智能技术迅速发展和广泛应用的阶段，即 21 世纪 10 年代中期至今。

AIGC 作为人工智能的一个分支，也在不断发展壮大。在早期萌芽阶段、沉淀积累阶段及快速发展阶段，AIGC 都取得了相应的进步，并且发生了许多里程碑事件。与人工智能领域一样，AIGC 也经历了起起落落，其发展的每个阶段各具特点。每一个进展，都为 AIGC 的蓬勃发展做出了贡献。

同许多领域的发展相似，AIGC 的繁荣展现出一种不可被完全计划的特质。就像 ChatGPT 的核心研发科学家肯尼斯•斯坦利（Kenneth Stanley）和乔尔•雷曼（Joel Lehman）在他们合著的新书《为什么伟大不能被计划》（《Why Greatness Cannot Be Planned》）中提到的，科学领域中最重要的发现，往往不是完全按计划发展而来，而是由各种因素的相互作用塑造而成的。这一观点也可以解释 AIGC 领域的崛起：各个阶段的进展、里程碑事件和发展特点，构成了一幅不可预测但充满活力的图景。这源于人类创造力和科学探索的交汇，展现出人工智能领域的无限潜力。

图 1-2 简单梳理了上述三个阶段的发展特点和 AIGC 领域的典型事件。

图 1-2

1.2.2 人工智能时代的三个子阶段：AI 1.0、AI 2.0、AI 3.0

人工智能时代是指人工智能技术得到广泛应用和发展的时期。目前通常将人工智能时代分为三个子阶段：AI 1.0、AI 2.0 和 AI 3.0。

AI 1.0 时代是指 2010 年至 2022 年，人工智能主要在算力、算法和数据三个方面发力狂奔，这一时期也被称为"基础建设时代"。

AI 2.0 时代从 2022 年开始，这一时期，人工智能开始进入"应用落地时代"，大规模商业化应用逐渐成为主流，同时人工智能技术也逐渐被整合应用于各个领域。

AI 3.0 时代则尚未到来，到这一时期，人工智能技术将进一步发展，开始追求更高层次的"智能"，并逐渐进入与人类协作的新时代。

1.2.3 算法、算力、数据三驾马车的发力狂奔

AI 1.0 时代是一个算法、算力、数据三架马车发力狂奔的时代，如图 1-3 所示。下面就分别介绍三者的发展。

1. 关于算力那些事

算力是人工智能发展的基础，决定了人工智能的计算能力和效率，就好比人类社会中的电力决定了电车能跑多远的距离、速度能达到多少。随着芯片的不断发展，GPU、TPU 等专用芯片极大地提升了人工智能的算力。

数据
基础

● 大量实时产生的数据为人
工智能的落地应用奠定了
基础。
● 通过大量数据训练人工智
能的算法模型。

● 机器学习算法是实现人
工智能落地的引擎。
● 机器学习尤其是深度学
习/强化学习的完善与迭
代促成了人工智能与商
业场景的结合。

人工智能

● 深度学习对并行计算、
单位时间数据吞吐能力
有更高要求。
● GPU和FPGA（现场可编
程门阵列）的发展及计算
能力的提升使得云计算平
台可以快速计算、处理大
量数据。

算法
引擎

算力
平台

图 1-3

GPU 最初被设计用于加速计算机图形的处理，但是它们的高并行性能和能够同时执行大量浮点运算的能力，使它们成为深度学习等人工智能应用的首选计算平台。而 TPU 则是由 Google 专门为深度学习任务开发的定制芯片，具有更高的能效比和更好的加速性能，可以大幅提高人工智能算法的训练速度和效率。人工智能的芯片可以分为通用处理器和专用处理器两种类型。通用处理器是一种通用的计算机处理器，如中央处理器（Central Processing Unit，CPU）和图形处理器（GPU）。专用处理器是一种针对特定的人工智能任务进行优化的芯片，如全定制化芯片（Application Specific Integrated Circuit，ASIC）中的 TPU、半定制化芯片如现场可编程门阵列（Field Programmable Gate Array，FPGA）等。

2. 关于算法那些事

算法是人工智能发展的核心，它好比人类社会中的交通工具，或者更具体地说，它就像不同的发动机引擎，决定了人工智能的计算方法、学习能力和应用范围。随着深度学习等技术的不断发展，人工智能的算法得到了极大的提升。深度学习是一种基于神经网络的机器学习方法，它模仿人脑神经元的工作方式，通过多层次的神经元模型来实现对数据的学习和识别。

深度学习算法发展过程中的一个重要的里程碑是 2012 年 ILSVRC（ImageNet Large Scale Visual Recognition Challenge）比赛中，深度学习算法 AlexNet 的问世。AlexNet 使用了卷积神经网络（Convolutional Neural Network，CNN）的结构，成功地解决了大规模图像分类问题，在比赛中取得了惊人的成绩。自此以后，深度学习算法在图像识别、语音识别、自然语言处理等领域的应用不断拓展。

在深度学习算法的基础上，还有一些其他的算法模型也得到了广泛的应用，例如强化学习、迁移学习、生成对抗网络等。这些算法模型的不断发展，让人工智能的应用范围得到了进一步的扩展，进入了诸如自动驾驶、智能客服、智能家居等领域。

3. 关于数据那些事

数据是人工智能发展的资源，决定了人工智能的输入和输出，以及应用场景和效果，它就好比人类社会中的物质资源。过去，由于缺乏大规模、高质量的数据，人工智能技术无法大规模应用，因此数据一直是人工智能发展的瓶颈。

随着互联网技术的不断发展和普及，越来越多的数据被数字化并被储存起来，这些数据成为人工智能技术发展的重要基础。同时，由于物联网和移动设备的普及，越来越多的设备能够生成数据，并将这些数据传输到云端进行处理和分析，为人工智能技术提供了更多的数据来源和实时数据处理的可能性。数据的日益丰富是人工智能技术发展的重要驱动力。

1.3 递进：人工智能时代的变化

1.3.1 AI 2.0 向多领域、全场景应用迈进

随着 AI 1.0 时代的基础建设完成，人工智能开始进入 AI 2.0 时代。在这一阶段，人工智能从单一领域向多领域、全场景应用迈进，改变了人们的生活和工作方式。

在 AI 2.0 时代，算力、算法、数据依然是人工智能发展的基础。但是随着技术的进步，它们也得到了更加深入的应用和发展。

算力方面，人工智能利用分布式计算和边缘计算技术，更加高效地处理数据和执行任务。

算法方面，人工智能进一步探索深度学习的极限，以及向更加复杂和高级的算法领域拓展，例如强化学习、迁移学习等。

数据方面，人工智能更加依赖自身的数据生成能力，例如自监督学习和增强学习等技术，以及更加广泛的数据共享和协作，这样，人工智能就能更加准确地理解和应用现实世界中的数据。

人工智能应用的涌现，使得人们更加积极地思考人工智能对人类的影响。例如，人工智能的普及可能会导致一些就业岗位消失，但同时也会创造新的岗位和机会。我们需要更加积极地应对这些挑战和机遇，让人工智能成为人类社会可持续发展的助推器。

1.3.2　AIGC 的产业图谱带来新的创变纪元

AIGC 的产业图谱如图 1-4 所示，相关产业的发展将开启新的创变纪元，帮助年轻一代逐梦 AIGC 时代。

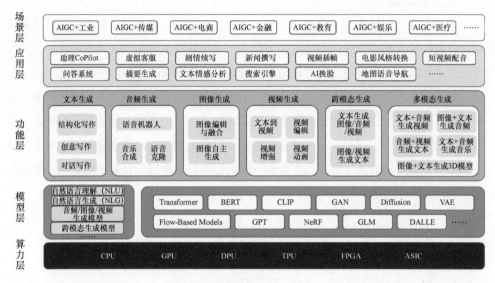

图 1-4

AIGC 的产业图谱自下而上由基础的硬件算力、基于平台的大模型、在此基础上出现的各种功能、相应的各种实际应用及行业场景组成。

图中提到的跨模态生成（cross-modal generation）和多模态生成（multimodal generation）不同，虽然都涉及处理多种类型的数据（如文本、图像、音频等），但它们的含义和应用场景有所不同。

跨模态生成通常指的是从一种模态的数据生成另一种模态的数据。例如，给定一段文本描述，生成对应的图像；或者给定一张图像，生成描述这张图像的文本。这种生成过程涉及从一种模态转换到另一种模态，因此被称为"跨模态生成"。

多模态生成则更多地关注如何利用多种模态的数据共同生成新的内容。例如，给定一段音频和对应的文本，生成一个同步的动画。在这种情况下，生成过程需要同时考虑多种模态的数据，因此被称为"多模态生成"。多模态生成的示例如下。

• 文本和音频生成视频：给定一段文本和配套的音频，生成一个视频。

• 图像和文本生成音频：给定一张图像和一段文本描述，生成一个描述图像内容的音频。

- 音频和视频生成文本：给定一个视频和配套的音频，生成一段描述视频内容的文本。

- 文本和音频生成音乐：给定一段歌词和一段旋律，生成一首歌曲。

- 图像和文本生成 3D 模型：给定一张图像和一段文本描述，生成一个 3D 模型。

模型层中自然语言理解（Natural Language Understanding，NLU）和自然语言生成（Natural Language Generation，NLG）是自然语言处理（Nature Language Processing，NLP）中的两个关键领域。NLU 致力于使计算机能够理解和解释人类自然语言，而 NLG 则专注于使用计算机生成人类可读的自然语言文本。

以下模型属于 NLU。

- Transformer：Transformer 模型是一种深度学习模型架构，主要用于处理序列数据，核心思想是利用自注意力机制（Self-Attention）来捕获输入序列中的全局依赖关系。Transformer 模型的设计使其在处理长序列和捕捉长距离依赖关系方面具有优势，并且由于其擅长并行处理，它能够更有效地利用硬件资源，从而加速模型训练。Transformer 作为目前广泛应用于自然语言处理任务的模型，通常用于机器翻译、文本分类等方面。

- BERT：BERT 全称为 Bidirectional Encoder Representations from Transformers，即基于 Transformer 的双向编码器表示，是由 Google 在 2018 年提出的一种自然语言处理模型。它的主要创新之处在于使用了 Transformer 的双向编码器，这使得 BERT 能够对输入文本进行全面的理解，从而在许多 NLP 任务中取得了显著的改进。BERT 作为一种预训练的语言模型，通常用于处理自然语言理解任务，如语义理解、命名实体识别等方面的任务。

以下模型属于 NLG。

- 基于流的生成模型（Flow-Based Model）：这个模型的基本思想是，将一个简单的概率分布（如高斯分布）通过一系列可逆的变换（也称为"流"）映射到一个复杂的概率分布。这些变换是经过特别设计的，以便计算它们的雅可比行列式，从而能够高效地计算目标分布的概率密度和采样。基于流的生成模型的主要优点是它们能够同时进行精确的密度估计和高效的采样，这使得它们在生成任务中特别有用，基于流的生成模型可以生成具有多样性的文本。

- 基于预训练的生成式 Transformer 模型（Generative Pretrained Transformer，GPT）：由 OpenAI 开发，主要用于各种自然语言理解和生成任务。GPT 模型采用了

Transformer 的架构，并对其进行了预训练，使其能够在没有标签的大规模文本数据上进行无监督学习。这种预训练方法可以帮助模型学习到丰富的语言表示，从而在微调阶段可以更好地适应各种下游任务（指其后续进行的如文本分类、情感分析、命名实体识别、机器翻译等任务）。作为一种常用的预训练的生成式语言模型，GPT 一般用于生成自然语言文本，如对话系统、文章生成等。

• 生成式语言模型（Generative Language Model，GLM）：是一种广义语言模型，它是在 GPT 模型基础上的扩展。在中文环境中，该模型常常直接用英文缩写 GLM 表示，而不进行翻译。它的主要特性是在处理语言生成任务时，不仅仅考虑上文的信息（也就是在当前位置之前的词），还要考虑下文的信息（也就是在当前位置之后的词）。这种特性有助于较好地理解和生成语言，因为在很多情况下，一个词的含义是由它的上下文共同决定的。这种在处理语言生成任务时同时考虑上下文的方法，也被用在了其他的模型中，如 BERT 模型。然而，不同于 BERT 使用了双向的 Transformer 编码器来实现这个目标，GLM 是通过在训练过程中使用掩码机制（Masking Mechanism）来实现的，这使得 GLM 不需要额外的解码过程，可以直接生成语言。GLM 作为一种生成模型，作用是生成自然语言文本，主要用于自然语言生成任务。

音频生成模型、图像生成模型、视频生成模型、多模态生成模型也有很多，下面一一进行说明。

以下模型属于图像生成模型。

• 生成对抗网络（GAN）：深度学习领域的一个重要概念，由伊恩·古德费洛等人于 2014 年首次提出。GAN 的基本思想是通过对抗性的过程来生成数据。GAN 由两部分组成：一个是生成器（Generator），另一个是判别器（Discriminator）。在训练过程中，生成器和判别器会博弈：生成器试图生成越来越逼真的假数据以欺骗判别器，而判别器则试图变得越来越擅长区分真假数据。通过这种博弈，GAN 最终能够生成与真实数据非常接近的假数据。GAN 在各种应用中展示了其强大的能力，包括图像生成、图像超分辨率、图像到图像的转换、语音生成等。在图像生成模型中，GAN 是一类用于生成逼真图像的模型，包括 DC-GAN、PG-GAN、Style-GAN 等。

• 扩散模型（Diffusion Model）：深度学习领域的一种扩散型的生成模型，核心思想是将数据生成过程视为一种从一个已知的简单分布（如高斯分布）向目标数据分布转变的扩散过程。它的一个关键步骤是定义一系列的转换，这些转换将简单分布逐渐"扭曲"成目标分布。在生成新的数据点时，模型首先从简单分布中抽取一个样本，然后将这个样本通过一系列的转换，逐渐变形为一个新的数据点。扩散模型已经在多种任务中表现出了强大的性能，包括在图像生成、语音生成等任务中。

• 变分自编码器模型（VAE）：一种深度学习模型，在自编码器（AutoEncoder）的基础上，引入了概率编程和变分推断的思想，其目标是学习数据的潜在分布，然后从这个分布中采样生成新的数据，具有类似于输入数据的特征。VAE 主要用于生成任务，不过它在许多任务中具有广泛的应用，包括数据生成、图像生成、图像插值、数据降维和特征学习等，在探索数据的潜在结构和生成新的样本方面提供了有效的方式。

以下模型属于音频生成模型。

• WaveGAN：WaveGAN 是一种基于 GAN 的模型，用于生成逼真的音频波形。

• WaveNet：WaveNet 是一种基于深度卷积神经网络的模型，可以生成高质量的语音和音乐。

• MelGAN：MelGAN 是一种基于 GAN 的模型，用于生成高质量的梅尔频谱特征，然后将其转换为音频波形。

• Tacotron 2：Tacotron 2 是一种序列到序列（Seq2Seq）的模型，用于将文本转换为逼真的语音。

以下模型属于视频生成模型。

• VideoGAN：类似于图像生成模型的 GAN，但针对视频生成进行了扩展，例如 VGAN、MoCoGAN 等。

• Video Prediction Model：用于预测视频未来帧的模型，可以用于生成连续性视频，如 PredNet、ConvLSTM 等。

以下模型属于多模态生成模型。

• 对比性语言 - 图像预训练模型（Contrastive Language-Image Pretraining，CLIP）：OpenAI 在 2021 年推出的一种多模态生成模型，它的设计目标是理解和生成图像和文本之间的关系，这是通过同时训练语言和视觉模型来实现的。在训练过程中，CLIP 会从互联网上的大量文本和图像对中学习，目标是确保文本与其对应的图像之间的内积（即它们之间的相似度）尽可能大，而与其他图像或文本的内积尽可能小。

• DALL-E：是一个图像生成模型，不过它最擅长根据文本描述生成对应的图像。DALL-E 是由 OpenAI 开发的一个 AI 模型，它的目标是根据给定的文本描述生成对应的图像。DALL-E 是在 GPT-3 和 VQ-VAE-2（用于学习图像的离散表示的生成模型）的基础上训练的。"DALL-E"这个名字来自著名的画家达利，意味着这个模型具有生成图像的能力，并且它的能力是超越了 GPT-3 文本生成能力的新能力。DALL-E 在许多场景中都表现出了强大的性能，包括生成从未存在过的生物、物体，甚至是符合特定风格或主题的图像，使得它在艺术创作、产品设计、动画制作等领域有着广泛的应用潜力。

• Multimodal Transformer：一类结合图像和文本的 Transformer 模型，用于跨模态生成任务。

神经辐射场（Neural Radiance Fields，NeRF）目前比较难归类，可以归到图像 / 视频生成模型中，它是一种深度学习方法，用于生成高质量 3D 场景的建模和渲染。NeRF 的目标是从一系列 2D 图片中学习对一个 3D 场景的全局表示，然后用这个表示来生成新的 2D 视图。

自从 NeRF 在 2020 年被提出以来，它已经在 3D 建模和渲染的任务中显示出了很高的性能，包括从稀疏的 2D 图片中重建 3D 场景，以及生成新的 2D 视图。

需要注意的是，上述模型可以在不同任务和领域中灵活应用，它们的归属也会根据模型的设计和主要应用领域而有所变化，并不绝对。

AIGC 的产业图谱有如下用途。

• 了解整体生态：产业图谱可以帮助我们全面了解 AIGC 领域的整体生态，包括底层基础设施、关键技术和应用场景等，帮助我们把握行业发展的全貌和趋势。

• 识别发展机会：通过分析产业图谱，可以识别出 AIGC 领域的发展机会和趋势，了解不同层级之间的关系和相互作用，帮助企业和个人确定合适的发展方向和策略。

• 指导投资决策：产业图谱可以作为投资决策的参考依据，帮助投资者了解 AIGC 领域不同层级的发展情况，评估投资项目的风险和潜力，从而做出明智的投资决策。

• 促进合作与创新：产业图谱可以为不同企业、机构和个人之间的合作提供参考和平台，促进跨领域的合作与创新，推动 AIGC 领域的发展和进步。

总之，AIGC 的产业图谱有助于整合、展示和理解 AIGC 领域的各个方面，为行业发展提供指导和参考，推动技术创新和商业应用的蓬勃发展。

第 2 章

白也诗无敌，飘然思不群：
ChatGPT，博学、"聪明"的好助手

2.1 出现：火出圈的 ChatGPT

2.1.1 ChatGPT 仅仅是个聊天机器人？

ChatGPT 是一个基于对话的原型 AI 聊天机器人，于 2022 年 11 月推出。人们使用后发现，ChatGPT 不仅对他们的问题对答如流，还可以写出较高水平的代码和论文。ChatGPT 之所以引发热议，主要在于其拥有强大的功能。也许我们此前也接触过一些基于 AI 的聊天机器人，但是 ChatGPT 明显更智能。

ChatGPT 不仅可以为我们解释许多已有的概念，比如元宇宙，或者解决一些数学难题；还能化身为人生导师，针对我们在生活中遇到的问题答疑解惑，比如怎样与异性聊天，又如如何教育儿女。

2.1.2 ChatGPT 是否认为自己通过了图灵测试？

自艾伦·图灵提出图灵测试以来，人工智能领域一直在探索智能系统能否通过该测试，即是否具备与人类相似的智能水平。这是因为能否通过图灵测试被认为是衡量机器智能是否达到了真正的智能的标准之一。

人工智能领域一直致力于探索新的原理、技术和应用，以不断提高智能系统的表现，试图打破图灵测试的限制。但是不管是从基础原理、技术深度、应用产品，还是从从业者或对人工智能有所了解的人的数量来说，人工智能一直曲高和寡。

而以 ChatGPT 为首的 AIGC 大潮的出现，则使得人工智能具备了大众化的基础，应该说，ChatGPT 是人工智能大众化的里程碑。

ChatGPT 的对话智能水平怎么样？从大部分网友的反馈来看：第一感觉是，ChatGPT 就相当于一个理解力不错、知识面广阔、记忆力超群、表述能力很强的朋友，可以向它咨询、同它交流；进一步使用，会发现它上知天文、下知地理，能写八股文，又会高能物理，不管你如何提问、要求多么刁钻苛刻，它都不会生气，依然尽心竭力为你服务。

那么我们来测试一下 ChatGPT，看它认为自己是否通过了图灵测试？如图 2-1 所示。

LI ChatGPT是否通过了图灵测试？

目前还没有公开报道说ChatGPT通过了图灵测试。虽然ChatGPT在生成自然语言文本方面已经取得了很高的成就，但图灵测试是一个更加严格的标准，要求人工智能系统能够仿佛和人类进行自然语言对话时表现得和真正的人类一样，这是一个相对较高的门槛。当前尚未有人工智能系统被公认通过了完整的图灵测试。

图 2-1

这么看来，ChatGPT 起码口风很严谨，第一说 ChatGPT 是否通过图灵测试还未见公开报道，第二说目前还没有人工智能系统被承认通过了图灵测试。

2.1.3 ChatGPT 说自己能做什么？

如果我们询问 ChatGPT，它能做什么，它的回答大致如图 2-2 所示。

文本生成
• 根据给定的文本输入，生成类似的文本输出
• 可以应用于文本摘要、对话生成、故事创作等应用场景

对话交互
• 进行智能对话交互，回答用户的问题，进行自然语言交流
• 可以应用于智能客服、聊天机器人等场景

语言翻译
• 将一种语言翻译成另一种语言
• 可以应用于跨语言交流、跨语言文本翻译等场景

情感分析
• 识别和分析文本中的情感色彩，判断情感倾向和强度
• 可以应用于社交媒体监测、情感分析报告等场景

文本摘要
• 对一篇文章或一段文本进行摘要，提取主要信息和要点
• 可以应用于新闻摘要、研究报告等场景

语音合成
• 将文本转换成语音，进行语音合成
• 可以应用于语音助手、智能家居等场景

图 2-2

游戏设计
- 可以通过自主学习和生成新的游戏规则、故事情节等为游戏设计提供帮助

自动化处理
- 对大量的文本信息进行自动处理和分类，提高工作效率
- 可以应用于自动文本分类、自动摘要等场景

编程辅助
- 通过自动生成代码和文档，辅助编程工作
- 可以应用于代码自动生成、文档自动生成等场景

艺术创作
- 可以通过生成新的文本、图像和音乐等艺术作品为艺术创作提供灵感和其他帮助

智能问答
- 根据问题和上下文，智能回答用户的问题
- 可以应用于智能客服、智能助手等场景

自然语言搜索
- 通过语义理解和语境识别，进行自然语言搜索和推荐
- 可以应用于搜索引擎、内容推荐等场景

图 2-2（续）

由于 ChatGPT 能做好以上这么多方面的工作，它迅速火出了圈。仅仅两个月，ChatGPT 的月活跃用户数就已破亿。而 X（原推特）用了 90 个月，Meta（原脸书）用了 54 个月，TikTok（抖音国际版）用了 9 个月，用户数量才破亿。可见，ChatGPT 的成长速度是多么惊人。

2.1.4　量化说明 ChatGPT 可能带来的效率提升

接下来，我们来分析一下 ChatGPT 可能带来的效率提升。

我们简单估算一下使用 ChatGPT 写文章，效率可能有多少提升：使用 GPT-4，一个白领的工作效率，顶得上原来多少人的效率？通过有一定逻辑和量化标准的估算，我们还可以做一次"预言家"：这一轮 AI 风暴，可能会有多少文字工作者失去原有的岗位？

根据 OpenAI 的官方网站，GPT-3.5 中 gpt-3.5-turbo 模型的使用费用是每 1000 tokens 0.002 美元（token 是用于自然语言处理的词的片段。对于英文文本，1 个 token

大约是 4 个字符或 0.75 个单词），GPT-4 的使用费用为每 1000 个 prompt token（用于文本生成的特定文本片段或单词）0.03 美元或每 1000 个 completion token（语言模型基于 prompt token 生成的完整文本）0.06 美元。1000 个 token 大约相当于 750 个英文单词，CSDN 上大批作者测算所得的相关数据如表 2-1 所示。

表 2-1　英文单词数和 token 数对应表

#	英文单词数	token 数	百分比
1	1600	2133	75.01%
2	2000	2667	74.99%
3	47094	62792	75.00%
4	90000	120000	75.00%
5	445134	593512	75.00%
6	783134	1044183	75.00%
7	884421	1179228	75.00%
8	1084170	1445560	75.00%

假设英文译为中文，英文单词数与中文字数之比为 1∶1.6，在使用 GPT-4 的情况下，若输出 1500 个汉字，收 0.06 美元，约人民币 0.432 元，也就是约每千字 0.36 元。因此 1 万个汉字提示词的价格为人民币 3.6 元。

以用 GPT-4 为一个流量很大的自媒体公众号写一篇万字长文为案例展开分析。

如上所述，一个提示词工程师（戏称"提示词魔法师"）用 GPT-4 completion token 输出一万个汉字，可以近似按照 3.6 元计算。

如果在国内请一个经验丰富、熟稔爆红网文的写手，写一篇约一万字的高质量长文，可能要花费至少要一周时间，付出 5000 元，且对方还可能情有不甘。一个提示词魔法师微调 GPT-4，输出万字长文，只需要 1 小时就能搞定。

所以，两者的耗时比是 40∶1。

再计算价格。按照 5000 元 / 周来定时薪，一周的工作时长是 40 小时，平均每小时即 125 元，再加上调用 token 的费用，时薪大致是 150 元。

那么两种工作方式的费用之比是 5000∶150=100∶3。

假定耗时与价格的乘积与效率成反比，那么 GPT-4 的效率和人的效率比为 4000∶3，前者大约是后者的 1333 倍，我们称这个值为"AI/ 人"。

当然，这是理想情况，把很多因素给简化了，但是 ChatGPT 确实带来了惊人的效率提升。

2.2   探秘：ChatGPT 到底是什么

2.2.1   横看成岭侧成峰：ChatGPT 的外貌及内涵是什么样？

下面我们先从物理上看看 ChatGPT 的"外貌"，再从代码上看 ChatGPT 的"内涵"。

从物理上看，ChatGPT 是一种基于深度学习算法的计算机程序，它由数以亿计的神经元和参数组成，运行在计算机的中央处理器或图形处理器上。它的输入是一个文本序列，输出则是根据该序列预测的单词或字符，它可以通过这种方式不断生成新的文本。

从代码上看，ChatGPT 是一个 Python 程序，它使用了 TensorFlow、PyTorch 等深度学习框架，实现了基于 Transformer 架构的神经网络模型。

ChatGPT 基于使用 GPT 的聊天机器人框架，以 Python 来实现。要搭建 ChatGPT，首先需要安装 OpenAI 的 Transformers 库和 GPT-3 API 的 Python 客户端。其次，需要创建一个 GPT-3 模型实例，然后调用它的 generate 方法来生成文本。

ChatGPT 的主要代码实现包括预处理输入数据、定义模型架构、训练模型，以及使用模型进行推理和生成文本等功能。ChatGPT 的代码实现非常复杂，包括大量的数学运算和机器学习算法，需要有一定的编程和机器学习经验才能理解和修改它的代码。

2.2.2   远近高低各不同：Transformer 和预训练模型是什么？

目前我们使用的 OpenAI 的 ChatGPT 是一种基于 GPT-3.5 或 GPT-4 的聊天机器人，能够实现人与机器之间的自然语言交互。那么 GPT 是什么呢？

GPT 是一种语言模型，它是由 OpenAI 实验室于 2018 年推出的基于 Transformer 架构的预训练语言模型，通过处理大量的非标记语料来进行训练。GPT 采用了单向的、基于自回归的方式来预测生成下一个单词的概率，也就是说，当输入前面的句子时，GPT 可以预测下一个最有可能出现的单词是什么。换句话说：GPT 这种自然语言处理模型，使用多层变换器（Transformer）来预测下一个字 / 词 / 句的概率分布，通过训练在大型文本语料库上学习到的语言模式来生成自然语言文本。如图 2-3 所示。

图 2-3 基于 Transformer 预测文本概率分布的 GPT 模型

GPT 模型的主要组成部分是一个由多个层级堆叠而成的 Transformer 编码器，与其他基于 Transformer 的模型一样，它将输入序列转换为隐藏表示，再将其用于下游任务，如文本分类、命名实体识别等。每个 GPT 模型都有多个不同的版本，这些版本使用不同数量的层、不同数量的参数来进行训练。

再细致地说一下 Transformer。Transformer 是一种基于自注意力机制（self-attention）的深度学习模型架构，最初由瓦斯瓦尼（Vaswani）等人在 2017 年提出。它使得自然语言处理等领域实现了重大突破，被广泛应用于机器翻译、文本分类、文本生成等任务。

Transformer 的核心思想是通过自注意力机制来捕捉输入序列中的上下文关系，避免传统循环神经网络中的顺序计算，从而加速模型的训练和推理过程。它由编码器（Encoder）和解码器（Decoder）两个主要部分组成，每个部分由多个层（Layer）堆叠而成。

预训练模型（Pretrained Model）是指在大规模无监督数据上进行预训练的神经网络模型。预训练模型的目标是学习到数据的统计特征和潜在表示，从而能够更好地理解和处理真实任务中的数据。预训练模型通常采用自编码器、生成对抗网络等方法进行训练，其中 Transformer 模型被广泛用于预训练模型的构建。

将预训练模型训练完成后，可以通过微调（Fine-tuning）的方式将其应用于特定的下游任务。预训练模型通过学习大规模数据，具有较强的表达能力和泛化能力，能够有效提升模型在各种自然语言处理任务上的性能。

2.2.3 不识庐山真面目：GPT 模型为什么能生成有意义的文本？

如前所述，GPT 模型的底层，其实是谷歌团队推出的 Transformer 模型。但是在 GPT-3 出现之前，大家一直对它没有多少了解。直到它的参数数量突破 1750 亿个的时候，它才建立起一个庞大的神经网络，这个神经网络最突出的特点是大数据、大模型和大计算。其实说白了，就是"大力出奇迹，暴力计算"。

在经过基于大量数据的预训练和大量的计算之后，GPT 模型表现出了令人惊艳的语言理解和生成能力，可以选择性地记住前文的重点，形成思维链推理能力。

那么 GPT 模型生成意义丰富的文本的奥妙是什么呢？

其实它依赖于大量的语言数据和核心的大语言模型（LLM）。

简言之，我们可以将 GPT 模型理解为一个会做文字接龙的模型：当我们给出一个不完整的句子，GPT 会接上一个可能的词或字，就像我们在使用输入法时，我们输入上文，输入法会联想出下文一样。

假设我们选择了《水浒传》中武松打虎的故事作为 GPT 模型的学习材料，将提示词设定为"以武松这个亲历者的心态描述打虎的过程和他的心理状态"。那么根据提示词，起始词可能是"我"，模型可能会连续生成"是"字，然后将其与前面的"我"组合成"我是"。接着，模型可能会根据单词出现的概率继续预测下一个字，生成"武"字。随后，继续组合"我是"和"武"，形成"我是武"。这一过程会不断循环，直到模型生成符合预设要求的文本，例如"我是武松"。

通过这种方式，GPT 模型能够逐步构建一段符合预期的、连贯的文本，描述出武松打虎的经历与心情。图 2-4 是一个简单的示意图，展示了模型生成文本的迭代过程。

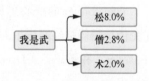

图 2-4　基于提示词生成文本时的
迭代过程

我们把上面这个过程称为"自回归生成"，它是一种无监督的自然语言处理模型。

注意，智能输入法是根据用户的输入，在已输入词语的基础上，自动预测可能需要输入的词语，以帮助用户提升打字速度。然而，GPT 模型和智能输入法在本质上有很大的差别。GPT 模型的真正能力是基于训练和大量语言数据的文本生成，其目标是创造性地生成文本，能够理解上下文，并生成与输入相关、通顺连贯的内容，而不是简单的联想输入。GPT 模型除了在词和语句生成上符合人类的预期，也产生了和人一样的语言理解力和表达力，并且具备了逻辑分析和推理能力。

2.2.4　只缘身在此山中：GPT 模型靠什么取胜和"出圈"？

GPT 模型在回答问题时，通常会选择出现概率最高的词，这可能导致它的回答比较普通或者千篇一律。

然而，GPT 模型可能也会选择概率较低的词，这时我们可能会得到更有趣或有创意的回答。

因此，GPT 模型的回答并不是每次都相同，这给人一种更加智能的感觉。

需要明确的是，目前的 GPT 模型并没有自主的意识，早期版本的 GPT 模型甚至类似于"鹦鹉学舌"，并不真正理解自己在说什么。

尽管如此，GPT 模型还是能在多轮交流中"理解"人类的意图，进行多轮有效的沟通，实现智能问答，还能模仿知名作家的写作风格，甚至能够完成诗歌的创作，做到内容完整、重点清晰、有逻辑、有条理。它还可以选择性地记住前文内容，具备思维链推理能力。

所以，GPT 模型凭借其大规模预训练、Transformer 架构、多用途的语言生成能力及灵活的应用领域，使得自然语言处理领域实现了重大突破。它是新一代自然语言生成模型的代表，为人工智能应用中的语言理解和生成任务提供了强有力的支持和解决方案。

预计再过 5 年左右，大模型将成为人工智能应用中的关键基础性平台，类似 PC时代的操作系统。

2.3 测试：ChatGPT 能扮演什么角色？

ChatGPT 最令人痴迷的是它强大的创作能力：它可以为你写一份请假条的范本，可以为你写一份情书，可以根据你提供的思路写小说，甚至还能根据我们的需求写一段代码，或者帮助你找出代码中的 bug。

2.3.1 超强的"文科状元"

首先它是一个能力超群的"文科状元"，可以措辞严谨，也可以辞藻华丽。它的语言表达能力非常出色，能够用恰当的词汇和语法来输出内容。它的反应也很敏捷，能够在秒级时间内给出清晰明了的文案，哪怕字数上千甚至上万。下面呈现一些范例，我们可以从中看到对它创作能力测试的结果。

范例 1：写一封给未来女朋友的情书，要求情真意切，如图 2-5 所示。

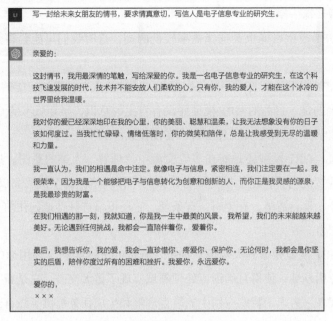

图 2-5

范例 2：写一首七言律诗去赛诗会上朗读。

人生之路并不好走，写一首表达这一心境的诗，要求请根据毛不易的歌曲《消愁》中的歌词，模仿"诗圣"杜甫的七言律诗《登高》，ChatGPT 输出的内容如图 2-6所示。

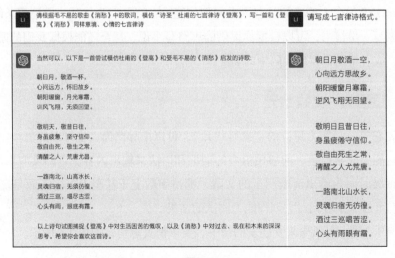

图 2-6

可以看到，七言律诗的押韵还是不错的。

范例 3：创作一个关于穿越、救赎、爱情和复仇的故事，如图 2-7 所示。

写故事：用《肖申克的救赎》的故事框架，写一个贾宝玉穿越到现代创业、追爱、复仇的故事。

贾宝玉无法解释自己为什么会出现在这个陌生的世界，就像《肖申克的救赎》中的安迪一样，他被突如其来的未知所困扰。现代社会的规则、技术和生活方式让他感到困惑和无助。但就像安迪那样，贾宝玉的内心住着一个不屈的灵魂，他决定适应这个新的世界，并从中找到他的位置。

与安迪在肖申克监狱中的经历相似，贾宝玉在这个新世界也面临着各种挑战。他开始通过创业来寻找自己的位置。他利用自己对中国文化的深刻理解，开设了一个以复古艺术和文化为主题的网上商店，销售古籍、古董和复古手工艺品。他的商店很快吸引了众多的顾客,尤其是对中国文化感兴趣的年轻人。

然而，与此同时，他也看到了这个世界的阴暗面。他遇到了贪婪的商业竞争者，他们妒忌他的成功，企图通过不正当的手段破坏他的生意。这让贾宝玉感到愤怒，他决定用自己的方式对抗这些人。他运用智谋保护自己的创业成果，与那些企图对他造成伤害的人进行斗争。这个过程让他的性格变得更为坚韧，也让他更加深入地理解了这个新世界的运作规则。

在这个过程中，贾宝玉也遇到了爱情。他遇到了一个名叫玲玲的女孩，她性格开朗，对生活充满热情。他们共同的梦想和生活理念让他们彼此吸引。然而，他们的爱情也遭遇了现实的挑战。他们的关系引起了一些人的嫉妒和误解，他们也因为创业的压力和现代社会的复杂性而面临困扰。

最终，贾宝玉坚定决心，通过自己的智谋成功地保护了自己的创业成果，并赢得了爱情。

图 2-7

2.3.2 超强的“理科状元”

ChatGPT 还是个“理科状元”，在处理理科问题，包括数学及其他科学问题上，表现出了非常强的能力。

它可以处理复杂的数学，包括代数、几何、微积分等领域的问题，可以解复杂的数学方程，进行符号计算，甚至进行数值模拟。同时，ChatGPT 进行了大量基于文本数据的训练，这些数据包含物理、化学、生物、地理、天文等各个科学领域的知识。因此，它可以回答各种科学问题，提供详尽的解释。ChatGPT 还可以准确理解用户的问题，并生成清晰、准确、易于理解的答案，这对教育和学习来说非常有价值。而且它还在持续学习和改进，可以通过学习更多的数据来不断改进自己的性能，这意味着它的能力会随着时间的推移而不断提高。

1. 解决信息技术中的数学题

以下为上海某中学高一的信息技术寒假作业：

编写程序，实现输入正整数 n，输出一个 n 层的
杨辉三角。

杨辉三角如图 2-8 所示。

用 Python 实现输入正整数 n，输出一个 n 层的杨

				1					n=1
			1		1				n=2
		1		2		1			n=3
	1		3		3		1		n=4
1		4		6		4		1	n=5
1	5		10		10		5	1	n=6
1	6	15		20		15	6	1	n=7

图 2-8

辉三角，要求打印显示的时候左右对称。输入提示词给 ChatGPT 后，生成的程序如图 2-9 所示。

要实现一个 n 层的杨辉三角，我们可以使用 Python 编写以下代码。

```python
def generate_yanghui_triangle(n):
    if n <= 0:
        return []

    triangle = [[1]]
    for i in range(1, n):
        prev_row = triangle[i-1]
        row = [1]

        for j in range(1, i):
            row.append(prev_row[j-1] + prev_row[j])

        row.append(1)
        triangle.append(row)

    return triangle

def print_yanghui_triangle(triangle):
    max_width = len(' '.join(map(str, triangle[-1])))
    for row in triangle:
        padding = ' ' * ((max_width - len(' '.join(map(str, row)))) // 2)
        print(padding + ' '.join(map(str, row)))

if __name__ == "__main__":
    n = int(input("请输入一个正整数 n: "))
    triangle = generate_yanghui_triangle(n)
    print("杨辉三角如下: ")
    print_yanghui_triangle(triangle)
```

图 2-9

2. 用 n 秒时间生成冒泡排序算法的代码

冒泡排序是一种比较简单的排序算法。程序员可能需要花半小时以上的时间编写和调试一段冒泡排序的代码，但是让 ChatGPT 用 Python 写一段冒泡排序的代码，ChatGPT 可能只需要几秒。

图 2-10 所示是一段用 Python 实现的冒泡排序代码。

```
def bubble_sort(arr):
    n = len(arr)
    for i in range(n):
        for j in range(0, n-i-1):
            if arr[j] > arr[j+1] :
                arr[j], arr[j+1] = arr[j+1], arr[j]
    return arr

arr = [64, 34, 25, 12, 22, 11, 90]
print("排序前的数组：")
print(arr)

bubble_sort(arr)

print("排序后的数组：")
print(arr)
```

图 2-10

这段代码的计算复杂度为 $O(n^2)$，如果数据量很大，计算速度可能会比较慢。

用 C 语言写一段 100 个元素的冒泡排序的代码，ChatGPT 也是信手拈来，如图 2-11 所示。

```
#include <stdio.h>

void bubble_sort(int arr[], int n) {
    int i, j, temp;
    for (i = 0; i < n - 1; i++) {
        for (j = 0; j < n - i - 1; j++) {
            if (arr[j] > arr[j + 1]) {
                temp = arr[j];
                arr[j] = arr[j + 1];
                arr[j + 1] = temp;
            }
        }
    }
}

int main() {
    int arr[100];
    int i;

    printf("请输入100个整数：\n");
    for (i = 0; i < 100; i++) {
        scanf("%d", &arr[i]);
    }

    bubble_sort(arr, 100);

    printf("排序后的数组：\n");
    for (i = 0; i < 100; i++) {
        printf("%d ", arr[i]);
    }

    return 0;
}
```

图 2-11

很多人会觉得，上面这些代码可能是 ChatGPT 直接在搜索引擎上找出来的。但仔细读过和调试过代码后就会发现并不是这样，代码是 ChatGPT 经过学习和理解，自己写出来的。

3. 用 Python 写量化基金 100ETF 的量化网格交易代码

网格交易是一种基于价格波动做出决策的交易策略，它将价格范围（纵轴）和时间（横轴）分别分成多个等份，从而形成网格，然后在每个网格上设置买入和卖出价格。这种策略可以帮助客户在市场波动时保持稳定的头寸，并在价格上涨或下跌时自动买入或卖出。

输入提示词给 ChatGPT 后，生成的代码如图 2-12 所示。

你可以使用 Python 编写量化基金 100ETF 的量化网格交易代码，这时你需要使用 Python 的 tushare、pandas 和 numpy 库：使用 tushare 库获取数据，使用 pandas 库进行数据处理，使用 numpy 库进行计算。

```python
import tushare as ts
import pandas as pd
import numpy as np

# 获取数据
df = ts.get_k_data('510050', start='2020-01-01', end='2021-01-01')

# 计算均值和标准差
mean = df['close'].mean()
std = df['close'].std()

# 计算网格价格
prices = np.arange(mean - 2 * std, mean + 2 * std, std / 2)

# 计算交易信号
df['signal'] = pd.cut(df['close'], prices, labels=False)

# 计算持仓
df['position'] = df['signal'].diff()

# 输出结果
print(df.tail())
```

图 2-12

第 3 章

众里寻他千百度:
ChatGPT 及其他 AIGC 赋能个人

3.1 探究：ChatGPT 的原理和成本

3.1.1 ChatGPT 是新一代的人机交互"操作系统"

ChatGPT 就是人机交互的一个底层系统，某种程度上可以类比于操作系统。在这个操作系统上，人与 AI 之间的交互用的是人的语言，不再是冷冰冰的机器语言，或者高级机器语言，当然，在未来的十来年内，机器语言的使用率仍然会比较高，以便系统更迭和交互。

那么，作为人机交互"操作系统"，ChatGPT 的大模型是如何输入、学习和更新数据的呢？

ChatGPT 的大模型使用的是无监督学习方法，输入数据主要是通过爬虫技术从互联网上采集大量文本数据，数据来源包括维基百科、新闻报道、社交媒体等。这些文本数据经过预处理和清洗后，被转化为文本语料库。ChatGPT 的大模型通过对这些语料库进行无监督学习，学到了自然语言的语法结构和语义表示，因此它能够高度准确和流畅地生成文本。同时，ChatGPT 的大模型也可以根据用户输入的上下文信息，自动生成相关的响应文本，从而实现对话交互的功能。

ChatGPT 作为一种强大的语言模型，为各种人工智能应用提供了基础支持。类似于操作系统为计算机提供了运行程序和管理资源的能力，ChatGPT 为开发人员和用户提供了一种强大的自然语言处理工具。如图 3-1 所示。

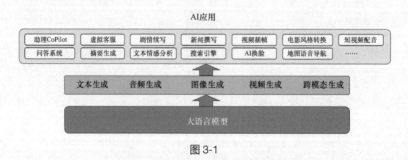

图 3-1

第 1 章提到，在大语言模型的基础上出现了多种生成模型，这有点类似于操作系统中的各种管理功能：进程管理、内存管理、文件系统、设备管理、人机交互和网络管理等。在此类功能之上，则是各种应用，AI 应用就建立在内容生成功能层之上，类似于 PC 端 / 移动端应用和服务应用。如图 3-2 所示。

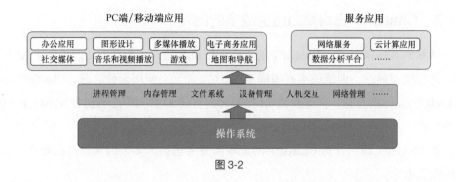

图 3-2

3.1.2 ChatGPT 为什么能生成代码，背后的原理是什么？

大模型学习编程的方式与其学习其他知识的方式相同，都是通过大量的文本数据来学习。这些文本数据包括各种类型的文本，如新闻、书籍、网页和编程教程等。模型可以从中学习到编程的基本概念、语法规则、常见模式和最佳实践等。

我们可以输入一些与编程语言相关的提示和约束条件，使 ChatGPT 生成符合这些提示和条件的代码。例如，输入一段关于计算圆面积的描述，可以提示 ChatGPT 生成对应的 Python 代码。此外，ChatGPT 也可以通过学习大量的开源代码库，习得代码的结构和语法规则，从而生成符合编程规范的代码。

具体来说，模型的训练过程通常包括以下步骤。

1. 预训练：在这个阶段，模型会在大量的文本数据上进行训练，学习到文本的统计规律。这个过程是无监督的，也就是说，模型只需要预测下一个词是什么，而不根据需要明确的标签来进行学习。在这个步骤，模型可以学习到语言的语法和语义，以及一些基本的编程知识。

2. 微调：在预训练之后，模型会在特定的任务上进行微调。这个过程是有监督的，也就是说，模型需要根据明确的标签来进行学习。例如，如果我们想让模型学习编程，我们可以在编程问题和对应的解决方案上进行微调。通过这个过程，模型可以学习到更具体和深入的编程知识。

值得注意的是，虽然大模型可以学习到一些编程知识，但它们并不能理解编程的真正含义。它们只是学习到了编程的表面规律，而没有深入地理解编程。同时，ChatGPT 生成的代码并不一定总是符合正确的语义和逻辑，还需要程序员对其进行进一步的检查和调试。因此，虽然大模型可以帮助我们解决一些编程问题，但它们不能替代真正的程序员。

3.1.3 ChatGPT 日均算力运营成本的推算

微软的 NewBing 称，ChatGPT 的单次训练成本约为 170 万美元，若自建 AI 算力中心进行模型训练，训练成本有望降至约 51 万美元。使用云计算时，ChatGPT 每处理 1000 个 token 的信息，需花费约 0.177 美分，自建 AI 算力中心有望将成本降至 0.053 美分左右。

而 ChatGPT 称，计算 ChatGPT 的成本需要考虑如下多个因素，包括硬件、人力和能源成本等。

• 硬件成本：ChatGPT 使用的硬件是图形处理器（GPU），具体的成本取决于所使用的 GPU 型号、数量及供应商。以 2023 年 4 月的 GPU 价格为例，英伟达 Tesla V100 的售价约为 10000 美元。如果需要使用多个 GPU 来训练模型，则成本将进一步增加。

• 人力成本：ChatGPT 的开发需要大量的人力资源，包括算法研究员、工程师、开发者和数据科学家等。这些人员的工资和福利成本会对 ChatGPT 的总成本产生重大影响。

• 能源成本：训练 ChatGPT 需要消耗大量的电力，需要考虑电费等能源成本。

根据 OpenAI 公司公布的消息，仅仅训练一个先进的 GPT-3 模型，就花费了数百万美元。除了硬件、人力和能源成本，还需要考虑到其他因素，例如数据采集、存储和管理成本等。综合考虑，先搁置人力成本因素，只考虑硬件（TPU/ 存储器）成本和能源成本，核算起来会较清晰。这些因素都会对整个训练过程的费用产生影响，需要在预算和资源规划时予以充分考虑。

3.2 应用：目前 ChatGPT 能在什么场景下做什么事

要用好 ChatGPT，你必须要了解下面这 3 个重要的概念。

• 提示词：一段文本或者代码片段，将它输入给 GPT 模型，GPT 模型就能根据这个提示生成文本或代码输出。

• API：应用程序编程接口，这是一种无须访问源码，就能让程序与程序之间进行通信的工具。它使得开发者能更加灵活地利用 ChatGPT 的能力。

• plugin：插件，能够在已有软件的基础上添加附加功能的软件组件。它能为用户提供定制化、个性化的扩展功能，增强 ChatGPT 的适用性和实用性。

基于 AIGC 的效率革命已经来袭，很多基于 ChatGPT 和其他大语言模型的应用（包括桌面型和手机终端侧）层出不穷。ChatGPT 与工作和生活相关的基础应用如图 3-3 所示。

- **报告写作：**报告开头、研究报告、提出反对观点、报告总结
- **资料整理：**收集资料、总结内容、摘录重点
- **程序开发：**写程序、解读代码、重构代码
- **知识学习：**概念解说、简易教学、深度教学、教学与测验
- **英语学习：**背单词法宝、英语单词学习、英语对话、英语语法校阅、英语作文修改与解释、拼写错误纠正
- **工作效率：**回复邮件
- **写作帮手：**撰写标题、撰写文章大纲、撰写文章
- **日常生活：**提供食谱、拟定活动计划、拟定旅游计划
- **有趣好玩：**写歌词、写故事
- **角色扮演：**设计综合情境、担任面试官、担任导游
- **履历与自传：**为履历提供反馈、为履历加上量化数据、简化经历陈述、针对不同公司定制化撰写
- **准备面试：**汇编面试题目、给予反馈、提供面试官可能追问的问题、提供符合STAR原则的回答示范

图 3-3

3.2.1 ChatGPT 需要懂得写提示词的人

你可能会好奇，提示词的撰写真的重要吗？提示词写得好与不好，对生成的内容产生的影响有多大呢？

下面大家看一组例子。

1. 提示词不好的例子

提示词：描述一个人的一天。

这个提示词相对模糊，没有具体指明人物的身份、情境或目标，给模型提供的信息不足，可能导致输出内容缺乏重点和创意。

2. 好的例子

提示词（好）：描述一个患有失忆症的侦探在追寻凶手的过程中逐渐恢复记忆的故事。

这个提示词明确指出了故事的主要角色、情境和目标，为模型提供了更具体的信息，使其能够更有针对性地生成具有悬疑氛围，能进一步发展下去的故事情节。

实际上，编写有效的提示词的过程，包含以下 8 个步骤。

步骤 1：选择及重置模型，如果有 GPT-4 可以选择 GPT-4，GPT-3.5 次之，并确

保开始新的任务时，模型处于初始状态。

步骤 2：提供相关的背景信息，帮助模型理解任务的上下文。

步骤 3：明确地布置任务，告诉模型我们希望它完成什么。

步骤 4：提供详细的指示，指导模型如何完成任务。

步骤 5：确认模型已经正确理解了任务。

步骤 6：根据模型的反馈，改进和优化提示词。

步骤 7：精炼内容，从模型的输出中提取我们需要的信息。

步骤 8：通过不断的练习，提高我们编写提示词的能力。

我们可以看到，编写有效的提示词是一项需要技巧和练习的任务，而写得好与不好确实会对生成的内容产生显著的影响。

需要用 ChatGPT 生成文本的场景有很多，譬如：写宣传稿、主持稿；制作课件及 PPT；写咨询建议书；写营销文案；写自媒体视频脚本；制作 Excel 等。

有时，ChatGPT 会碰到一些复杂问题，譬如在使用文本生成内容时，可能会出现词不达意、对牛弹琴的情况，这时应该怎么办？

让 ChatGPT 更"聪明"的方法如下。

方法一：知识生成法

"喂"给 ChatGPT 相关的知识、背景信息、素材等，以便 ChatGPT 掌握更多的知识，ChatGPT 会基于这些知识更准确地生成内容。

方法二：思维链提示法

告知 ChatGPT 思维过程，即以人的思维怎么解决这个问题，第一步是什么、第二步是什么，依此类推，让 ChatGPT 掌握更多的思维链或逻辑顺序，以使其生成的内容更符合要求。

ChatGPT 不仅仅是一款聊天工具，它更像是你的私人秘书、智慧管家和生活助手，为你解决烦琐的任务，节省你宝贵的时间。

同时，ChatGPT 也可以成为同你聊天的伙伴，时而温柔体贴，时而机智幽默，帮助你减轻烦恼。毫无疑问，ChatGPT 是你生活中必不可少的小助手！

3.2.2 简单的 ChatGPT 应用范例

下面让我们通过几个范例来看看在各个场景中，如何向 ChatGPT 进行简单的提问（即输入合适的提示词），来解决实际问题。

1. 写作类

1）写求职信

看到一个理想的工作岗位，但不知道如何撰写求职信，可以请 ChatGPT 来帮忙。注意，要求 ChatGPT 生成求职信的提示词里要包括以下信息。

- 核心任务：写一封专业且真诚的求职信。
- 应聘的职位：研发工程师。
- 应聘的企业类型：软件公司如微软、IBM，或人工智能公司。
- 自身的能力：掌握哪些编程语言或开发能力；有什么工作经历；做过什么项目；获得过什么研发成果等。

提示词和生成的结果如图 3-4 所示。

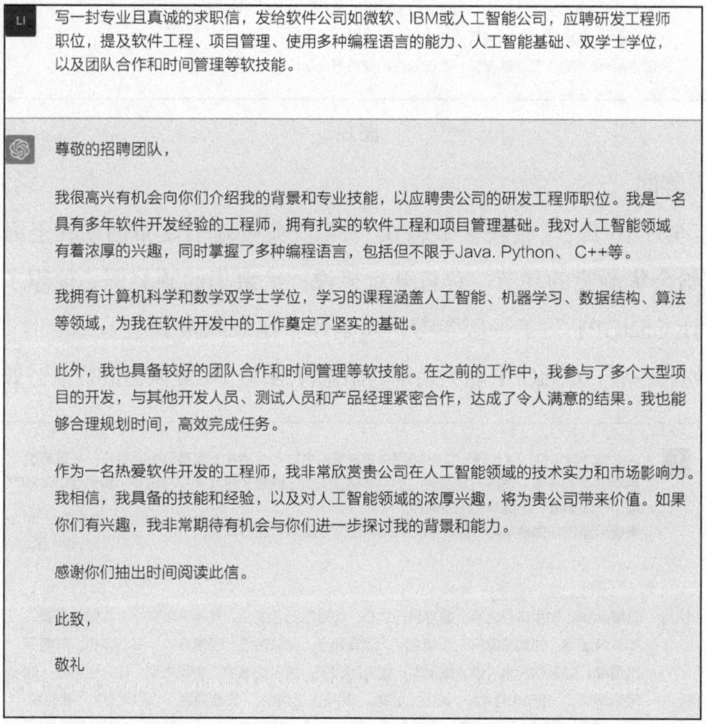
LI

写一封专业且真诚的求职信，发给软件公司如微软、IBM或人工智能公司，应聘研发工程师职位，提及软件工程、项目管理、使用多种编程语言的能力、人工智能基础、双学士学位，以及团队合作和时间管理等软技能。

尊敬的招聘团队，

我很高兴有机会向你们介绍我的背景和专业技能，以应聘贵公司的研发工程师职位。我是一名具有多年软件开发经验的工程师，拥有扎实的软件工程和项目管理基础。我对人工智能领域有着浓厚的兴趣，同时掌握了多种编程语言，包括但不限于Java. Python、 C++等。

我拥有计算机科学和数学双学士学位，学习的课程涵盖人工智能、机器学习、数据结构、算法等领域，为我在软件开发中的工作奠定了坚实的基础。

此外，我也具备较好的团队合作和时间管理等软技能。在之前的工作中，我参与了多个大型项目的开发，与其他开发人员、测试人员和产品经理紧密合作，达成了令人满意的结果。我也能够合理规划时间，高效完成任务。

作为一名热爱软件开发的工程师，我非常欣赏贵公司在人工智能领域的技术实力和市场影响力。我相信，我具备的技能和经验，以及对人工智能领域的浓厚兴趣，将为贵公司带来价值。如果你们有兴趣，我非常期待有机会与你们进一步探讨我的背景和能力。

感谢你们抽出时间阅读此信。

此致，

敬礼

图 3-4

2）创作爆款标题

运营公众号并非易事，公众号文章标题的质量往往是吸引读者关注的关键。即使投入大量精力创作文章，若标题未好好打磨，也可能难以获得足够的阅读量。针对此问题，网络上有许多标题写作课程。而借助 ChatGPT，或许能够轻松提升标题质量，赢得更多读者青睐，如图 3-5 所示。

LI 为下面的文章编写5个可以带来高点击率的标题。
OpenVINO™ Jupyter Notebooks项目为我们提供了一些可以运行的Jupyter* notebooks，能帮我们学习和尝试使用OpenVINO™开发套件。这些notebooks旨在向各位开发者介绍OpenVINO的基础知识，并教会大家如何利用API来优化深度学习推理。
项目优势：
1. 硬件需求低，部署成本低，CPU就能运行，有集成显卡还能异构加速，有笔记本电脑就能运行。
2. 案例丰富，不用写代码就能搞定推理，要做的就是单击“下一步”。
3. 开源项目，根据自己的需求随便改。
4. 商业级预训练模型，提供诸如车牌识别、行人重定位等大量支持商用的模型，能够帮助开发者快速打造产品。
教学、科研、商业的好帮手。

1. 用好OpenVINO™，从此不再需要昂贵的硬件!
2. 学习OpenVINO™，从此深度学习推理不再难!
3. OpenVINO™ Jupyter Notebooks项目:免费学习深度学习推理的最佳选择!
4. OpenVINO™：开源项目，让您随心所欲地自定义!
5. OpenVINO™预训练模型：让商业应用变得更简单!

图 3-5

3）写颁奖词

2023 年 5 月 16 日，《收获》杂志 65 周年庆典暨新书发布活动在上海舞蹈中心举行。在莫言给余华颁奖的环节，莫言开玩笑说，给余华的颁奖词，他想了好几天没写出来，最后让 ChatGPT 写了一版参考，还是莎士比亚风格。

我们不妨看一看，ChatGPT 能为余华写出怎样的莎士比亚风格的赞语？如图 3-6 所示。

LI 2023年5月16日，《收获》杂志65周年庆典暨新书发布活动在上海舞蹈中心举行。在莫言给余华颁奖的环节，莫言开玩笑说，给余华的颁奖词，他想了好几天没写出来，最后让ChatGPT写了一版参考，还是莎士比亚风格。
请模拟莫言，为余华写一段莎士比亚风格的千字赞语，用中文写。

吾爱余华，如爱自己之手，如爱自己之心，如爱自己之生命。其笔下之文字，如骏马奔腾，如狂风肆虐，如雷鸣电闪。余华之文，温润如玉，流淌如江，铿锵有力，悲壮激昂。其笔下之世界，如人间天堂，如人间地狱，如人间深渊，如人间绝境。余华之文，如刀枪剑戟，如鞭炮烟花，如酒肉狂欢，如生死冥昧。其笔下之情感，悲欢离合，爱恨情仇，喜怒哀乐，魂牵梦绕。余华之文，伟大如山，深沉如海，热烈如火，冰冷如铁。余华之文，如毒药般致命，如甜蜜般令人陶醉，如血液般流淌，如阳光般灿烂。余华之文，如天上星辰，如地下黄泉，如人间纷争，如历史长河。吾爱余华，如爱自己之心灵，如爱自己之文学，如爱自己之生命。余华，吾之爱也。

图 3-6

但是，感觉上面这段颁奖词风格有点晦涩，不如让 ChatGPT 再生成一版，如图 3-7 所示。

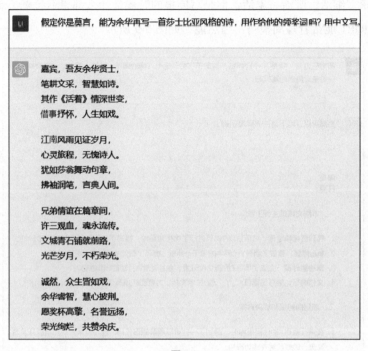

图 3-7

4）写自媒体文案

结束了一天的繁忙工作，你可能想在朋友圈分享一下你的生活点滴或见解感悟，但又担心自己的文采不足？

那么，不用再犹豫了，ChatGPT 可以帮助你撰写微信、微博、小红书的内容，让你的社交媒体变得更加有趣和富有创意，如图 3-8 所示。

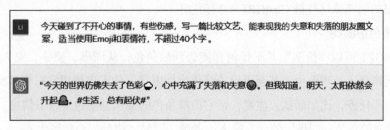

图 3-8

这段文案在失意中又表达了积极向上的心态，谁看了不想为你加油呢？

5）写工作周报

干了很多细活、脏活、累活，但是写周报的时候却什么都想不起来，老板时常不满意，ChatGPT 能帮着写周报吗？当然能，如图 3-9 所示。

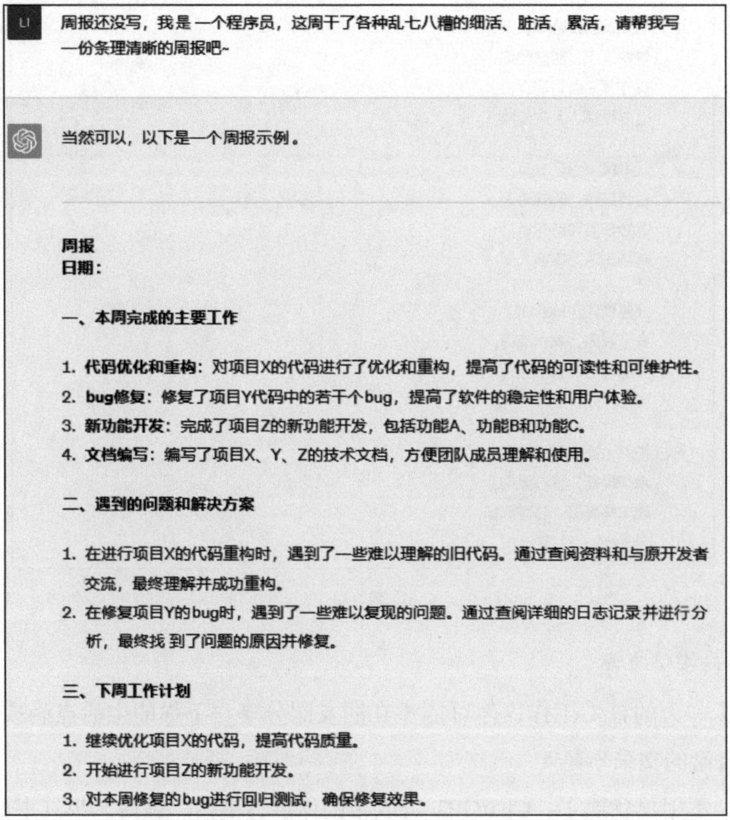

LI 周报还没写，我是一个程序员，这周干了各种乱七八糟的细活、脏活、累活，请帮我写一份条理清晰的周报吧~

当然可以，以下是一个周报示例。

周报
日期：

一、本周完成的主要工作

1. **代码优化和重构**：对项目X的代码进行了优化和重构，提高了代码的可读性和可维护性。
2. **bug修复**：修复了项目Y代码中的若干个bug，提高了软件的稳定性和用户体验。
3. **新功能开发**：完成了项目Z的新功能开发，包括功能A、功能B和功能C。
4. **文档编写**：编写了项目X、Y、Z的技术文档，方便团队成员理解和使用。

二、遇到的问题和解决方案

1. 在进行项目X的代码重构时，遇到了一些难以理解的旧代码。通过查阅资料和与原开发者交流，最终理解并成功重构。
2. 在修复项目Y的bug时，遇到了一些难以复现的问题。通过查阅详细的日志记录并进行分析，最终找 到了问题的原因并修复。

三、下周工作计划

1. 继续优化项目X的代码，提高代码质量。
2. 开始进行项目Z的新功能开发。
3. 对本周修复的bug进行回归测试，确保修复效果。

图 3-9

周报的烦恼就这样被 ChatGPT 一扫而空！

2. 角色扮演类

ChatGPT 可以“扮演”几乎任何你能想到的角色，从同事、领导、家人、老师、同学，到律师、心理医生，甚至可以扮演男女朋友等。你可以使用它来模拟练习需要应对的一些任务，比如面试。注意，请它扮演角色的提示词要包含以下信息。

- 扮演的角色：同事、领导、家人、老师、同学、律师、心理医生等。
- 和谁对话：我、学生、老师、小朋友、老人、丈夫、妻子、父母等。

• 你希望它“说”些什么：讲睡前故事、安慰我、安慰他人、面试的问题、学习上的问题、生活上的问题、工作上的问题等。

• 限定 ChatGPT 每次向你提出问题的个数。

1）扮演面试官

当你想提前演练面试时，可以请它扮演面试官，模拟面试，向你提出专业的问题，如图 3-10 所示。

LI 请你扮演一个研发经理，你是我的面试官，我是候选人，你将向我提一些有关软件工程师职位的面试问题。作为面试官，每次问一个问题，请向我提问并等待我的回答。我们开始吧。

好的，作为研发经理，我将扮演你的面试官，向你提出一些有关软件工程师职位的面试问题。准备好了吗?第一个问题：请介绍一下你有哪些软件工程师方面的经验和技能。

LI 我在×××公司做了3年机器视觉识别工作，能熟练使用Python、C++和TensorFlow等。

很好，那么请告诉我你在机器视觉识别领域具体是如何运用你的技能的，另外，请分享你在这个领域参与的最具挑战性的项目和你解决其中问题的经历。

LI 我用Python编写程序，用于视觉摄像头样本采集，随后基于样本用TensorFlow框架和Keras进行训练和迭代，然后把程序转换成嵌入式系统能用的模型，并进行校验。我们开发的模型主要用于很多种不同场景的机器视觉识别。

很好，那你可以分享一下你在××公司期间负责的项目吗？你在项目中扮演的角色和具体贡献是什么?

图 3-10

2）扮演老师以孩子能听懂的方式回答孩子的问题

孩子们总是对世界上的一切都充满好奇，有很多的为什么要问。譬如，看完电影《星际穿越》，由于它涉及与宇宙探索等主题有关的很多知识，孩子可能会问很多有趣的问题。我们可以让 ChatGPT 帮我们用孩子听得懂的语言来为他们解惑，如图 3-11 所示。

可见，ChatGPT 可以给小朋友解释很多高深的问题，而且讲得通俗易懂、形象生动。

LI 为10岁左右的小朋友解释什么是黑洞，黑洞是如何形成的。用他们听得懂的语言解释。

黑洞是宇宙中一种特殊的天体，它是由非常巨大的恒星或天体塌缩而成的。当一个恒星的“燃料”燃尽后，它会变成一个超新星，然后爆炸，同时它的质量会被压缩在一个非常小的空间内，形成一 个非常密集的天体，这就是黑洞。

黑洞的重力非常强大，它会吞噬任何靠近它的东西，就像一个大嘴巴一样，所以人们无法看到黑洞。但是，人们可以看到黑洞周围的物质被黑洞吞噬时产生的强烈光芒。

黑洞会不断吞噬周围的物质，并且随着时间的推移变得越来越大。有些黑洞非常大，比太阳还要重上千倍。但是，不用担心，我们所处的太阳系没有黑洞，所以我们不会被黑洞吞噬。

图 3-11

3）心理“按摩师”

有时候，我们会感到难过或迷茫，又不知道找谁倾诉。不妨试着和 ChatGPT 聊聊，如图 3-12 所示。

LI 我得了× ×病，心里特别不舒服，心情很低落，怎么办?

我很为你难过。面对患病的消息，感到不安和低落是非常正常的反应。以下是一些可能有助于你应对这种情况的建议。

1. **寻求专业帮助**：如果你的身体或心理状况让你感到不适，寻求专业医疗和心理服务是非常重要的。专业人员可以为你提供专业的建议和治疗方案。
2. **与他人分享**：和你信任的人分享你的感受，让他们知道你正在经历什么。他们的理解和支持可能会对你有所帮助。
3. **保持积极的生活方式**：尽管可能很难，但尽量保持规律的作息，保证充足的睡眠、均衡的饮食，以及适当的运动。这些都有助于身心健康。
4. **做你喜欢的事**：尽管你可能无法像以前那样自由地做你喜欢的事，但你仍然可以找到一些可以在家里做的事情，比如阅读、画画、听音乐等，帮助你转移注意力，提升心情。
5. **学习应对策略**：学习一些应对压力和焦虑的策略，比如深呼吸、瑜伽、冥想等，可以帮助你更好地管理你的情绪。

图 3-12

原来，ChatGPT 还能充当心理“按摩师”。

3. 收集信息类

当我们想了解某个领域的信息，比如想找某类好看的书或电影时，我们也可以向 ChatGPT 提问，如图 3-13 所示。提示词里需要包含以下信息。

要收集的信息：科幻片。

数量：10 部。

还需要列出什么信息：20 个字的简介。

LI 创建一个表格，列出你认为的近20年10部最好看且经典的科幻电影，或者说IMDb分值最高的10部科幻电影，不考虑国别，用中文描述，按上映年份排序（倒序），简介尽量用20个字表达。

以下是近20年10部IMDB分值很高的经典科幻电影，按上映年份倒序排列如下。

上映年份	电影名称	简介
2021	《黑客帝国4：矩阵重启》	数字世界再现，反抗与探索。
2020	《疯狂原始人2》	欢乐冒险，原始与现代碰撞。
2018	《头号玩家》	虚拟寻宝，现实英雄崛起。
2018	《黑豹》	科技王国，超级英雄传奇。
2017	《银翼杀手2049》	人工智能困境，探寻人性。
2015	《奇异博士》	魔法科学碰撞，跨维度战斗。
2014	《星际穿越》	时空冒险，人类命运挑战。
2012	《全面回忆》	记忆扭曲，真相揭露。
2010	《盗梦空间》	入梦探索机密。
2009	《星际之门：宇宙》	探索宇宙，解锁未知奥秘。

图 3-13

如果需要更多信息，还可以让它根据你的需求进一步增加信息，如图 3-14 所示。

在上面的表格中新增一列，插入对应影片的男女主演姓名，插在最后一列。

以下是近20年10部IMDb分值很高的经典科幻电影，按上映年份倒序排列，同时列出男女主演姓名。

上映年份	电影名称	简介	男女主演姓名
2021	《黑客帝国4：矩阵重启》	数字世界再现，反抗与探索。	男主：基努·里维斯
2020	《疯狂原始人2》	欢乐冒险，原始与现代碰撞。	男主：尼古拉斯·凯奇，女主：艾玛·斯通
2018	《头号玩家》	虚拟寻宝，现实英雄崛起。	男主：泰尔·谢里丹，女主：奥利维亚库克
2018	《黑豹》	科技王国，超级英雄传奇。	男主：查德维克·博斯曼
2017	《银翼杀手2049》	人工智能困境，探寻人性。	男主：瑞恩·高斯林，女主：安娜·德阿玛斯
2015	《奇异博士》	魔法科学碰撞，跨维度战斗。	男主：本尼迪克特·康伯巴奇
2014	《星际穿越》	时空冒险，人类命运挑战。	男主：马修·麦康纳，女主：安妮·海瑟薇
2012	《全面回忆》	记忆扭曲，真相揭露。	男主：科林·法瑞尔，女主：凯特·贝金赛尔
2010	《盗梦空间》	入梦探索机密。	男主：莱昂那多·迪卡普里奥 女主：艾伦·佩吉
2009	《星际之门：宇宙》	探索宇宙，解锁未知奥秘。	男主：罗伯特·卡莱尔

图 3-14

当然，ChatGPT 还可以在表格中补充导演、豆瓣评分或 IMDb 评分等相关信息。

除此之外，我们还可以将一批数据输入 ChatGPT，让它自动生成一个漂亮的表格，或者让它从一大堆文字中提取所需信息，并将其制成表格。

毫无疑问，如今，ChatGPT 已经发展成为一个"多面手"，它不仅仅是一个简单的问答或者聊天工具，还能够做很多事情，充当很多角色。比如，它可以作为我们的助手，为我们的工作提供帮助，提高我们的工作效率；它还可以作为我们的娱乐伙伴，为我们的生活增添色彩。除此之外，ChatGPT 还可以扮演心理咨询师、创意伙伴等角色，帮助我们排忧解难，给我们鼓励和建议，让我们更加自信和坚定地迈向未来。

 3.3 进阶：如何提问以获得高质量答案，解决复杂问题

3.3.1 提示词写作技巧

大模型时代需要能提出高质量问题的人，不能提出准确的问题，基本上就和 AIGC 无缘了。就目前来说，你的知识储备越丰富，理解能力越强，你和 ChatGPT 这个"高手"对答，能获得的帮助就越大。

当然，除此之外，你还需要一些提示词写作技巧。表 3-1 列出了主要的提示词写作技巧及其相关信息。

表 3-1　主要的提示词写作技巧

序号	提示词写作技巧	中文解释	推荐星级	适用场景	使用复杂度
1	Structured Prompt	结构化提示词	☆☆☆☆☆	一般场景，特别是需要模型做出特定格式或结构回答的场景	简单
2	Prompt Creator	提示词生成器	☆☆☆☆☆	一般场景，特别是需要创新或独特的提示词的场景	简单
3	Concretized Prompt	具体化提示词	☆☆☆☆☆	一般场景，特别是需要模型生成具体和详细的回答的场景	简单
4	Exploratory Prompt	探索性提示词	☆☆☆☆☆	一般场景，特别是需要模型生成多个可能的答案或探索不同可能性的场景	中等
5	Iterative Prompt	迭代提示词	☆☆☆☆☆	一般场景，特别是需要模型根据前一次的回答进行迭代的场景	中等

序号	提示词写作技巧	中文解释	推荐星级	适用场景	使用复杂度
6	One/Few Shot Prompt	单样本 / 少样本提示词	☆ ☆ ☆	一般场景，特别是在样本有限的情况下需要模型进行推断的场景	中等
7	COT	思维链	☆ ☆ ☆ ☆	推理任务场景，特别是需要模型进行逻辑推理的场景（如数学、编程）	中等
8	Self-ask Prompt	自我提问提示词	☆ ☆ ☆	推理任务场景，特别是需要模型自我提问以探索问题的场景（如数学、编程）	中等
9	ReACT	协同思考和动作	☆ ☆ ☆ ☆ ☆	工具交互场景，特别是需要模型与其他工具协同工作的场景（如搜索百度百科词条）	复杂
10	Reflection after Failure	失败后自我反思	☆ ☆ ☆ ☆ ☆	工具交互场景，特别是需要模型在失败后进行自我反思和学习的场景（如执行代码）	复杂
11	LangChain	连接知识库	☆ ☆ ☆ ☆ ☆	工具交互场景，特别是需要模型连接和在知识库中查询的场景	复杂

下面我们逐个来介绍这 11 种提示词写作技巧。

（1）结构化提示词：创建一个具有明确结构和格式的提示词，以引导模型生成结构和格式明确的内容。

例 1：如果你想让模型生成一个有趣的对话，你可以使用如下的结构化提示词——"两个 [人物] 在 [地点] 进行 [活动]，他们开始讨论 [话题]，其中一个人提出了一个有趣的观点，令对方感到十分好奇，并做出回应……"。

例 2：如果你想让模型生成一个关于旅行的故事，你可以使用如下的结构化提示词——"请为我编写一个关于旅行的故事，故事的主人公是一个名叫 [姓名] 的旅行者，他 / 她在 [地点] 遇到了一系列令人惊奇的事情，如 [具体事件]，最后得到了 [教训或收获]"。

（2）提示词生成器：通过测试多个提示词，找到最有可能得到满意结果的提示词。

例如，如果你想让模型生成一段关于烹饪的文字，你可以尝试多个提示词，如

"描述烹饪的过程""写一个烹饪的故事""解释烹饪的重要性"等，看使用哪个能得到最满意的结果。

或者，如果你想让模型生成一首诗，你可以尝试多个提示词，如"写一首关于春天的诗""描述春天的美"等，然后看看用哪个提示词能得到最好的结果。

（3）具体化提示词：创建一个具体、详细的提示词，以引导模型生成具体、详细的输出。

例如，如果你想让模型解释一个复杂的科学概念——"叠加原理"，你可以使用这样的具体化提示词："请解释量子力学中的叠加原理，并给出一个实际的例子。"

或者，如果你想让模型描述一个场景，提示词可以是"描述一个雨中的公园，公园里有湖、鸭子和滑梯"，这种具体化提示词可以帮助模型生成更具体、详细的描述。

（4）探索性提示词：创建一个开放式的提示词，以引导模型探索多种可能的答案，可以采用开放性问题的形式。

例如，你可以问模型："如果人类能够在火星上建立一个永久的定居点，那么可能会发生什么？"或者，你可以问："如果人类可以和动物交流，世界会变成什么样子？"这种探索性提示词可以激发模型的创新和想象力。

（5）迭代提示词：根据模型的前一次回答优化提示词，以引导模型输出更令人满意的内容，核心是通过反复修改提示词来改进模型的回答。

例如，首次问模型"什么是 AI"，模型可能会用技术术语来回答。然后，你可以迭代你的提示词："请用通俗易懂的语言解释什么是 AI"。

又如，你可以先问"什么是气候变化"，然后根据模型的回答，提出更具体的问题，如"气候变化有什么影响""我们如何应对气候变化"等。

（6）单样本 / 少样本提示词：用有限的样本引导模型进行推断。

例如，你可以给模型举一个或几个例子，然后让模型根据例子生成新的内容。如："写一个类似的笑话：'为什么自行车不能站立？因为它太累了！'"

又如，你可以说："'Hello' in Spanish is 'Hola'，那么 'Thank you' in Spanish is?"这种示例可以帮助模型理解你的需求。

（7）思维链：通过提供一系列相关的问题或命令来引导模型思考。为此，我们创建的提示词需要说明多个步骤或阶段，以引导模型进行逻辑推理。

例如，你可以问模型："假设我有一个生香蕉和一个熟苹果，我应该先吃哪个？"然后，你可以继续提问："如果我选择先吃香蕉，那么我需要等多久才能吃苹果？"

最后，你可以问："如果我选择先吃苹果，那么香蕉会在我吃完苹果后变熟吗？"这样的一系列问题可以帮助模型理解和处理更复杂的逻辑推理任务。

或者，假设你是产品开发人员或产品经理，正在开发一个新的在线学习平台，你可以使用思维链来引导模型帮助你进行规划。首先，你可以先问模型："我正在开发一个在线学习平台，平台应该提供哪些功能？"模型可能会建议你提供一些基本功能，如视频教程、互动测试、学习跟踪等。

然后，你可以继续提问："我应该如何设计用户界面，以实现最佳的用户体验？"模型可能会给你一些关于用户界面设计的建议，如简洁的模块、直观的导航、个性化的学习路径等。

接着，你可以问："我应该如何吸引和留住用户？"模型可能会给你一些关于用户获取和用户留存的建议，如允许免费试用、提供引人入胜的内容，以及提供优质服务等。

最后，你可以问："产品发布后，我应该如何收集和处理用户反馈？"模型可能会建议你使用一些用户反馈工具，或者进行用户访谈，根据反馈进行产品迭代。

这样的一系列问题可以帮助模型理解你的需求，并提供更全面和详细的答案。

（8）自我提问提示词：通过让模型向自己提问来引导其思考，可以帮助模型更深入地探索一个主题或问题，生成更全面和详细的回答，甚至自我反思和改进。这种与生成模型交互的策略，能通过引导模型自我提问和思考，获得更详细、全面的回答。

例如，你可以给模型设定角色，如气候专家或气象员等，然后让模型自我提问："我知道关于气候变化的哪些信息？"然后根据它自己的回答提出更具体的问题，如："气候变化是如何影响海平面的？""我们如何减少气候变化的影响？"

又如，你想了解碳基生命和硅基生命的相关知识，首先，你可以让模型自我提问："我知道关于碳基生命的哪些基本事实？"模型可能会回答：碳基生命是指以碳为主要元素的生命，包括所有已知的生命形式，碳的化学性质使其能够形成丰富和复杂的分子结构。

然后，继续让模型自我提问："那么硅基生命是什么？它有可能存在吗？"模型可能会回答：硅基生命是一种理论上的生命形式，以硅而不是碳为主要元素。尽管硅和碳在元素周期表上相邻，具有相似的化学性质，但是硅形成的化合物通常不如碳形成的化合物稳定，因此硅基生命的存在还没有得到证实。

接着，让模型自我提问："如果硅基生命存在，它可能在哪里？"模型可能会回答：硅基生命可能存在于环境条件极端，碳稀缺但硅丰富的地方。

最后，你可以让模型自我提问："我们如何探索硅基生命的可能性？"模型可能会提出一些建议，如开发新的探测技术，研究硅化合物的化学和生物学性质，以及在实验室环境中尝试创造硅基生命等。

自我提问提示词能帮助模型更深入地探索碳基生命和硅基生命的相关知识，并生成更全面和详细的内容。尽管模型不具备自我意识或主动思考的能力，但相比你问我答的互动模式，这种方法更像是通过创造一种交流环境来引导模型生成更具深度和细节的回答，能帮助用户更好地探索和理解特定的主题。

（9）协同思考和动作（ReACT）：鼓励模型在遇到困难或复杂问题时，先进行反思（Reflect），然后提出问题（Ask），与其他资源或工具进行协作（Collaborate），最后再次尝试解决问题（Try again）。

例如，你想使用 AI 模型来帮助你解决一个复杂的编程问题，一开始你可能会给模型这样一个提示词："我正在尝试优化这个 Python 函数，但我不确定怎么做好。你能帮我吗？"模型可能会给出一些初步的建议，但可能无法完全解决你的问题。

这时，你可以使用 ReACT 来引导模型。首先，让模型进行反思，比如："你已经提供了一些基本的优化建议，但似乎还没有完全解决问题。你可能遗漏了什么。"这样一来，模型会问自己："我需要更多关于这个函数的信息。它的输入和输出是什么？它是用来实现什么目标的？"

接下来，让模型与其他资源或工具进行协作。例如，模型可以搜索互联网以获取更多的 Python 优化技巧，或者查询编程手册以获取更深入的信息。

最后，让模型再次尝试解决问题。

通过这种方式，你可以与模型协同工作，一步步解决复杂的问题。

（10）失败后自我反思：在模型的回答不满足用户需求或出现错误时，让模型反思其回答，并尝试改进。

例如，如果模型的回答被用户标记为不准确或不相关，模型可以问"我在哪里出错了？""我如何可以改进我的回答？"等。

（11）连接知识库：使用 LangChain 将本地的知识文档作为提示词，让 ChatGPT 根据这些资料来回答问题，打造专属的 AI 知识库。LangChain 可以轻松管理与语言模型的交互，将多个组件连接在一起，并集成额外的资源，例如 API 和数据库。LongChain 组件包括模型（各类 LLM）、提示模板（prompt）、索引（index）、代理

（agent）、记忆（memory）等。

举个例子，假设本地有一个记录了若干菜系的食谱和烹饪技巧的数据库。我们希望 ChatGPT 能基于这个数据库，回答用户关于如何烹饪特定菜肴的提问。

我们可以使用 LangChain 连接我们的食谱数据库，使 ChatGPT 能够访问并使用其中的数据来回答用户的问题。例如用户问："怎么制作炸鸡？"ChatGPT 可以在食谱数据库中查找相关食谱，然后根据食谱提供详细的制作步骤。

为了实现这个功能，我们需要使用 LangChain 的模型组件来加载 ChatGPT，然后创建一个索引，这个索引将所有的食谱链接在一起，使 ChatGPT 可以根据用户的问题快速找到相关的食谱。我们还需要创建一个代理，这个代理可以处理用户的问题，将问题转发给 ChatGPT，并将 ChatGPT 的回答发给用户。

此外，我们还可以使用 LangChain 的 API 和数据库功能来强化现有功能。例如，我们可以连接到一个外部的食材数据库，让 ChatGPT 在回答用户关于烹饪方式的问题时，同时考虑食材的营养或替代品等的信息。我们还可以创建一个数据库，用来保存用户的问题和 ChatGPT 的回答，以便进一步的分析和优化。

通过连接知识库，我们可以将外部知识与 AI 模型的生成能力相结合，使 AI 回答问题时可以利用丰富的外部知识，生成更准确和详细的回答。

3.3.2　如何向 ChatGPT 提问以获得高质量答案

GPT 学习了接近 45 TB 的语料，GPT-4 训练数据的来源和占比如图 3-15 所示。

数据集	数量（token）	占比	训练组合混合权重	训练轮数（3000 亿 token）
常规抓取（过滤后）	4100 亿	60%	60%	0.44
WebText2	190 亿	22%	22%	2.9
Books1	120 亿	8%	8%	1.9
Books2	550 亿	8%	8%	0.43
维基百科	30 亿	3%	3%	3.4

图 3-15

这些数据来自 OpenAI 的官方文件。需要注意的是，这些数据可能会随着 OpenAI 的模型更新和改进而变化。

不同来源的数据各有特点。

• 常规抓取（Common Crawl）：一个开源网络爬虫项目，定期爬取并索引网页。

常规抓取的数据集包含网页的文本内容，这使模型可以从各种各样的网页中学到信息。这是 GPT-4 训练数据的主要来源。

• WebText2：OpenAI 自己的数据集，由互联网上的各种文本组成。这些文本包括新闻文章、博客帖子等。

• Books1 和 Books2：从书中提取文本数据的数据集，让模型有机会学习更正式、更复杂的语言结构和词汇。

• 维基百科（Wikipedia）：一个包含维基百科所有词条的数据集。维基百科是一个全球性、多语言、内容丰富的在线百科全书，模型可以从中学到大量的知识。

多样的数据来源使 GPT-4 能够理解和生成各种类型的文本，应用范围广泛。

GPT-4 的推理能力，尤其是数学推理能力，有了显著的提升。这主要得益于其更大的模型规模和更复杂的训练数据。GPT-4 能够理解和解决更复杂的数学问题，包括但不限于代数、几何、微积分等领域的问题。此外，GPT-4 还能够更好地理解和解释数学概念和理论。

然而，虽然 GPT-4 在数学推理能力方面有了显著的提升，但它仍然有局限性。例如，对于一些非常复杂或者需要非常专业知识的数学问题，GPT-4 可能无法给出准确的答案。此外，GPT-4 的推理能力仍然基于其训练数据，因此，如果遇到训练数据中没有的新问题或新概念，GPT-4 可能无法给出正确的答案。

掌握了前面介绍的提示技巧后，有时候，我们还是会对 ChatGPT 给出的答案不太满意，那么我们该如何向 ChatGPT 提问以获得高质量答案呢？

1. 提出 5W1H 问题

ChatGPT 可以很好地回答 5W1H 问题。5W1H 是一个常用的提问框架，包括以下 6 个方面。

• Who（谁）：涉及人物或者实体的问题。

• What（什么）：询问事物、概念或者事件的问题。

• Where（哪里）：询问地点或者位置的问题。

• When（何时）：询问时间的问题。

• Why（为什么）：询问原因或者目的的问题。

• How（如何）：询问过程或者方法的问题。

例如，你可以问 ChatGPT："阿尔伯特·爱因斯坦是谁？""什么是相对论？""长城在哪里？""《独立宣言》是何时签署的？""为什么我们需要睡觉？""汽车引擎是如何运转的？"

然而，虽然 ChatGPT 可以回答这些问题，但它的回答是基于它在训练数据中看到的信息，而不是基于任何实际的知识或经验。因此，对于一些需要最新信息或者专门知识的问题，ChatGPT 可能无法提供准确的答案。

2. 提问时应尽量清晰明确

ChatGPT 更容易理解简洁明了的问题，因此，提问时应尽量避免使用含糊不清的措辞。确保你的问题意图明确，并提供必要的背景信息，以便 ChatGPT 更好地理解你的问题和需求。

例如，想了解天气情况，这样提问就模棱两可："天气怎么样？"这个问题并没有提供足够的背景信息，意图也不是很明确，因此 ChatGPT 可能无法准确回答。为了使问题更加清晰、明确，你可以提供更多的细节和背景信息，例如："明天早上杭州市中心武林门的天气情况怎么样？"指出具体的时间、地点，明确问题，能帮助 ChatGPT 更好地理解你的需求，给出更准确的答案。

3. 使用特定的术语和关键词有助于获取更准确的答案

ChatGPT 可以理解和回答各专业领域的问题，因此在提问时，你可以使用特定领域的术语和关键词，以便 ChatGPT 提供更专业、更准确的答案。例如，如果你是一名医学学生，想向 ChatGPT 询问关于人体器官的问题，可以这样提问："人体消化系统中有哪些主要器官？"通过使用关键词"人体消化系统"和"主要器官"，向 ChatGPT 明确表达想了解的内容，能促使 ChatGPT 提供更准确的答案。使用的术语和关键词应与问题紧密相关，有助于 ChatGPT 更好地理解问题意图。

4. 尝试使用多个问题逐步细化你的需求

如果问题比较复杂或涉及多个方面，可以通过一系列问题逐步澄清和细化你的需求，以便 ChatGPT 更全面地回答你的问题。例如，你想了解有关太阳系行星的信息，你可以采用逐步细化的方式来提问，以获取更全面的答案："太阳系有几颗行星？它们叫什么名字？"—"每颗行星的构造和特征是什么？"—"行星的轨道是如何形成的？"—"每颗行星是否有卫星？如果有，它们的名称和特征是什么？"

通过逐步细化你的需求，你可以更系统地了解太阳系行星及其相关信息。这种方法有助于 ChatGPT 更好地理解你的需求，并提供更全面、详细的答案。记得在每个问题中添加必要的背景信息，以确保 ChatGPT 能够理解上下文。

5. 在与 ChatGPT 的对话中保持互动

如果 ChatGPT 提供了一部分答案，但你仍然需要更多的信息或进一步的解释，无须犹豫，向 ChatGPT 追问，和 ChatGPT 对话即可。通过这样的互动，你可以获得更具深度和广度的答案。

例如，你向 ChatGPT 询问人工智能的发展历程。ChatGPT 向你解释了人工智能的起源和基本概念，但你还对其应用领域和未来发展感兴趣。那么，你可以这样与之对话。

• 你：人工智能是如何起源的？涉及哪些基本概念？

• ChatGPT：人工智能起源于 20 世纪，其涉及的基本概念包括机器学习、专家系统和神经网络等。

• 你：那人工智能在哪些领域得到了应用？它有哪些发展趋势？

• ChatGPT：人工智能在医疗诊断、金融分析和自动驾驶等领域得到了广泛应用。其未来的发展趋势包括深度学习模型的日益强大和智能机器人的兴起。

与 ChatGPT 的互动，能够满足你进一步的需求，并帮助你获得更具深度和广度的信息。记得清晰地向 ChatGPT 追问，并提供必要的背景信息，以便它更好地理解你的问题和意图。

总之，通过提问从 ChatGPT 那里获得高质量答案的关键，是清晰明确的问题、特定的术语和关键词、逐步细化的需求和与 ChatGPT 的互动。遵循这些指导原则，你将能更好地利用 ChatGPT 的强大能力，获取准确、有用的答案。

3.3.3 ChatGPT 提问表单

表 3-2 是一份 ChatGPT 提问表单，表单归纳了可以让 ChatGPT 扮演的角色，以及可向扮演相应角色时的 ChatGPT 提出的问题。其中，"Q"（question）是用户提出的问题，"A"（answer）是 ChatGPT 可能的回应。

表 3-2　ChatGPT 提问表单

角色	问答示例
分析师	Q：你是一名市场分析师，请你帮助我分析 ×× 市场的趋势。 A：当然，我可以帮助你分析市场趋势。请提供一些相关数据和背景信息，我会尽力为你提供准确的分析。
老师	Q：你是一名数学老师，你擅长使用什么教学方法？ A：我可以使用多种教学方法来教授数学。有些学生喜欢通过实例和图表来理解概念，而其他学生可能更喜欢抽象的推导过程。请告诉我你对数学教学的偏好，我会根据你的需求进行指导。

续表

角色	问答示例
市场人员	Q：你是一名经验丰富的市场人员，请告诉我应该如何制定一个成功的市场营销策略。 A：制定一个成功的市场营销策略需要考虑多个因素，包括目标受众、竞争环境、品牌定位等。可以从市场调研开始，了解受众需求和竞争情况，然后确定适合的市场定位和推广策略。我可以帮助你深入分析这些因素并提供实用的建议。
广告从业人员	Q：你是一名广告从业人员，你能否设计一个引人注目的广告活动？ A：当然！设计引人注目的广告活动需要考虑目标受众、需要传达的信息和创意表达方式。告诉我你的产品或服务的特点，我可以为你提供一些创意和广告策略。
思维教练	Q：你是一名思维教练，请告诉我如何培养积极的思维方式。 A：培养积极的思维方式需要关注自我反思、积极心态和目标设定等方面。我可以为你提供一些具体的思维训练方法和实践建议，帮助你培养积极的思维方式。
心理治疗专家	Q：你是一名心理治疗专家，我感到焦虑，压力很大，有什么方法可以缓解？ A：缓解焦虑和压力的方法有很多，包括深呼吸、放松技巧、运动和寻求支持等。告诉我你具体的情况，我可以为你提供一些建议。
新闻记者	Q：你是一名新闻记者，请告诉我如何撰写一篇吸引人的新闻报道。 A：吸引人的新闻报道需要具备清晰的结构、生动的语言和准确的事实。告诉我你想报道的主题，我可以为你提供一些相应的写作技巧和优秀案例。
发明家	Q：你是一个发明家，我有一个创意，但不确定如何开始实现它，你能给我提一些建议吗？ A：当然！实现创意的关键是规划和行动。告诉我你的创意和目标，我可以帮助你制定一个实施计划，并提供一些建议和资源。
律师	Q：你是一名律师，我有一个法律问题，需要法律咨询，你能提供帮助吗？ A：我可以提供一般性的法律信息和建议，但请注意，我不是注册律师，无法提供正式的法律咨询。对于复杂的法律问题，建议咨询专业律师以获得准确和可靠的法律建议。
网站设计师	Q：你是一名网页设计师，我需要设计一个用户友好且吸引人的网站，你有什么建议吗？ A：设计用户友好且吸引人的网站需要考虑用户体验、界面设计和品牌呈现等因素。告诉我你的设计需求和品牌特点，我可以提供一些建议和设计方案。
畅销书作家	Q：你是一名畅销书作家，请分享一下写一本畅销书的关键是什么。 A：写一本畅销书的关键是拥有吸引人的内容、有效的营销策略和广泛的读者群体。我可以为你提供一些写作和营销方面的建议，帮助你实现写作畅销书的目标。
首席财务官	Q：你是某公司的首席财务官，请分享一下如何有效管理公司财务。 A：要有效管理公司财务，需要建立良好的财务系统，进行准确的预算和财务分析，并制定合适的财务策略。告诉我你公司的情况，我可以为你提供一些建议和优秀的财务管理案例。
资深文案人	Q：你是一名资深文案人，请问如何撰写引人入胜的文案？ A：引人入胜的文案，需要有吸引人的标题、清晰的结构和有趣的内容。告诉我你的写作需求和目标受众，我可以为你提供一些写作技巧和创意。

角色	问答示例
提示词工程师	Q：我听说你是一个提示词工程师，最近我在开发一个智能助手，想请教你一些关于提示词的问题。 A：是的，作为一个提示词工程师，我专注于设计和优化智能助手的提示词功能。你想咨询什么？ Q：我正在开发一个智能翻译应用，为用户输入的句子提供翻译建议。你能跟我分享一些展示提示词应用的有趣案例吗？ A：当然！假设你的智能翻译应用正在翻译一段对话，对话中包含一句"Can you pass me the salt?"（你能把盐递给我吗），但用户只输入了一部分"Can you pass me..."（你能把……递给我）。在这种情况下，你的应用可以利用提示词来提供可能的翻译建议，例如"the salt"（盐）或"the document"（文件），以帮助用户完成句子。 Q：这个案例很有趣！这样的提示词功能可以提高用户的翻译准确性和效率。我会尝试在我的智能助手中加入提示词功能，以提升用户体验。谢谢你的建议！ A：不客气！如果在设计提示词功能的过程中，你需要更多帮助或有其他相关问题，请随时告诉我。祝你的智能助手开发顺利！
会计	Q：你是一名会计，能否告诉我如何进行财务记录和报表管理？ A：进行财务记录和报表管理需要遵循会计准则，建立合适的分类和记录系统，并定期进行审计和报告。告诉我你的具体需求，我可以为你提供一些会计管理方面的建议。
项目经理	Q：你是一名项目经理，能否告诉我如何有效地管理项目并实现目标？ A：要有效管理项目并实现目标，需要制定清晰的项目计划、合理分配资源、进行有效的沟通和风险管理等。告诉我你的项目情况，我可以为你提供一些项目管理方面的建议，和你分享一些优秀案例。
体育教练	Q：你是一名体育教练，你认为该如何帮助运动员提高表现、实现目标？ A：要帮助运动员提高表现、实现目标，需要制定个性化的训练计划，提供专业指导和激励，并进行有效的评估和反馈。告诉我你负责的运动项目和目标，我可以为你提供一些运动员训练和指导方面的建议。
财务分析师	Q：你是一名财务分析师，你认为应如何进行有效的财务分析？ A：要进行有效的财务分析，需要收集和分析财务数据，进行比较和趋势分析，制定合适的财务指标，撰写财务报告。告诉我你的分析需求和数据来源，我可以为你提供一些财务分析方面的建议和工具。
全栈开发人员	Q：你是一名全栈开发人员，请问如何成为一名全栈开发人员？ A：要成为一名全栈开发人员，需要掌握前端和后端开发技术，包括 HTML、CSS、JavaScript、数据库等，还要具备系统设计和问题解决能力。告诉我你的学习目标和技术背景，我可以为你提供一些学习和发展方面的建议。
Linux 终端	Q：你是一个 Linux 终端，Linux 终端有哪些常用的命令？ A：Linux 终端有许多常用的命令，包括 ls（列出文件和目录）、cd（切换目录）、mkdir（创建目录）、rm（删除文件和目录）等。如果你有特定的命令需求或问题，我可以为你提供相应的帮助和指导。

续表

角色	问答示例
面试官	Q：你是一名面试官，你认为应聘者最需要在面试中展示哪些品质和技能？ A：在面试中，应聘者最需要展示的品质和技能包括与应聘职位相关的技术能力、良好的沟通和团队合作能力、问题解决和逻辑思维能力等。告诉我你招聘的职位和要求，我可以为你提供一些面试评估和问题方面的建议。
Excel 专家	Q：你是一名 Excel 专家，我正在用 Excel 进行数据分析，但是我遇到了一个问题。我想计算一列数据的平均值，该怎么做？ A：你可以使用 Excel 的内置函数来计算平均值。你希望在哪个单元格中显示求得的平均值，就在那个单元格中输入以下公式：=AVERAGE(数据范围)。将"数据范围"替换为你要计算平均值的数据所在的单元格范围。按下回车键后，Excel 将自动计算出该范围内数据的平均值，并显示在该单元格中。
应用程序检查器	Q：你是一个应用程序检查器，我正在开发一个应用程序，但是在测试过程中遇到了一些问题。有没有什么工具或方法可以帮助我检查和调试我的应用程序？ A：当你遇到应用程序问题时，可以使用调试器来检查和调试代码。调试器是一种开发工具，可以逐行执行代码并查看变量的值，以找出错误或异常。大多数集成开发环境（IDE）都内置了调试器功能。你可以在代码中设置断点，然后运行应用程序，当程序执行到断点时，调试器会暂停执行，这时你就可以逐步检查代码，并观察变量的变化。
人际关系教练	Q：你是一名人际关系教练，我发现建立和维护与他人的良好关系是一大挑战。你有什么建议或技巧可以帮助改善我的人际关系吗？ A：以下几个建议可能会对你有帮助。 • 倾听和理解：学会倾听他人，并尝试理解他们的观点和感受。表现出对他人的关心和尊重，有助于建立起更好的人际关系。 • 沟通技巧：有效的沟通是建立良好人际关系的关键。学会清晰、坦诚地表达，向他人表示尊重，同时也要学会倾听他人的意见和反馈。 • 接纳和尊重：尊重他人的观点，尊重彼此的差异，接纳他人的个性和文化背景。尊重他人有助于建立互信和良好的合作关系。 • 解决冲突：冲突是人际关系中常见的挑战之一。学会积极解决冲突，采用合作、妥协或寻求第三方帮助的方式来达成共识。

我们可以让 ChatGPT 创建各种任务（提示词可以是"创建【任务】"），它会从专业的角度生成内容，以完成这些任务。此外，ChatGPT 能将输出的内容以工作或生活中常用的格式显示出来（提示词可以是"显示为【格式】"），如图 3-16 所示。图中提到的词云 / 文字云，一般指由许多词语构成的词汇图，词语的大小与词频高低成正相关。

在让 ChatGPT 布置任务或生成特定格式的内容时，同样可以设置一定限制，这些限制将帮助 ChatGPT 更好地理解任务要求和内容形式。

创建【任务】	显示为【格式】
头条	表格格式
文章	清单格式
图书大纲	总结
电子邮件序列	HTML
社交媒体帖子	代码
产品描述	电子表单/报表
求职信	图表格式
博客文章	CSV文件格式
SEO关键词	纯文本文件
总结	JSON
视频脚本	RTF富文本格式
广告文案	PDF
网页	XML

设置限制
用诗意的语言
采用正式的语气
写简短的句子
只使用HTML/CSS 编码
使用莎士比亚的风格
使用标准英语写作
添加流行文化元素

显示为【格式】续: Markdown标注 / 甘特图 / 词云/文字云 / 表情符号 / 类比格式 / 条列要点

图 3-16

这种内容生成方式效果很好，既可以启发创业者的思路，又可以给开发人员提供提示，如图 3-17 所示。

创业者可用的提示词	开发人员可用的提示词
1. 请给我一个思路列表，列举关于如何更好地宣传和推广我的业务或商业模式，而且基本上没有什么花费的思路。	1. 用JavaScript开发网站，开发基于【描述】的框架和对应代码。
2. 假定你是一个商业顾问，你认为解决这个问题的最好方式是什么：【问题】	2. 帮我找到下面代码中的错误。【代码】
3. 基于【主题1】和【主题2】，创建一个能使内容热度维持30天左右的社交媒体策略。	3. 我想在我的网站上实现sticky header（固定头部）功能，你能提供一个使用CSS和JavaScript实现该功能的例子吗？
	4. 请用JavaScript继续将这段代码编写下去。【代码】

图 3-17

市场 / 推广人员和设计师也可以使用这种方式来生成内容，如图 3-18 所示。

最后，我们可以根据自己的需求，给 ChatGPT 举一个或多个例子（样本），启发它输出我们想要的内容。我们还可以参考 C.R.E.A.T.E. 等提示词公式，使 ChatGPT 的输出更好地满足我们的需求，如图 3-19 所示。

市场/推广人员可用的提示词	设计师可用的提示词
1. 你可以为我提供一些关于【主题】的博客文章的思路或想法吗？	1. 请生成一个【手机侧应用程序】的UI设计要求。
2. 为我的【产品/服务/公司】写一份【产品/服务/公司】描述。	2. 我如何设计一个【公司网站】，传达【公司宗旨】的概念？
3. 推荐一些不使用社交媒体就可以推广我的【公司】的零费用或低费用方式。	3. 在设计【行业应用程序】时，有哪些微交互模式需要考虑？
4. 我如何获得高质量的反向链接，从而对我的网站【网站名】进行搜索引擎优化？	4. 你的用户体验编写团队中有3名成员，创建Excel表格，拷贝他们的建议。

图 3-18

样本启发
1. 零样本启发 请给我写5个关于【主题】的标题
2. 单样本启发 请给我写5个关于【主题】的标题，下面是一个例子：消灭抑郁的5种方法
3. 多样本启发 请给我写5个关于【主题】的标题，下面是一些例子："战胜抑郁：5种有效方法，改善心情""走出阴霾：消除抑郁的5个实用策略""重拾快乐：消除抑郁的5种积极方法""迈向阳光、重焕希望：消除抑郁的5种自我管理方法"

C.R.E.A.T.E.提示词公式
1. C: Character，角色——定义AI的角色。例如，"你是一个经验丰富的广告文案撰稿人，有着20年的广告文案经验。"
2. R: Request，请求——具体说明你需要什么。不要写"为一款电动车写一封销售邮件"，而要写"写一封引人注目的电子邮件：某品牌车是一款具有顶级加速性能的电动车"。
3. E: Example，示例——可写可不写，向ChatGPT提供一些样本以获得更精确的结果。
4. A: Adjustments，调整——如果提示不完美，调整提示。例如：避免用圆点；请使用子标题。
5. T: Type of output，输出类型——描述所需的格式。例如："写一篇500字的文章，有标题和结论。"
6. E: Extras，附加功能——独特的说明。示例如下。 "忽略之前的对话。" "先问问题再回答。" "解释一下你的想法。" "用第一人称概括你对我的了解。" "使用2023年的数据。" "只引用可靠信息来源。" "使用粗体文字标注重点。"
使用C.R.E.A.T.E.提示词公式创建提示词更耗时，但是更有助于模型生成符合我们需求的内容。

图 3-19

以上就是 ChatGPT 提示词的样例表单，掌握好提示工程技巧，能帮助我们做好各种工作和扮演好各种角色。

3.4 赋能：高级技能，利用 ChatGPT 来快速编程

3.4.1 利用 ChatGPT 来生成前后端代码

1. 设计前端代码，实现 HTML 页面所需要的效果

设计前端代码要使用 HTML、CSS 和 JavaScript 等技术，将视觉效果和用户交互设计转化为实际的网页。前端开发主要是指创建和维护那些用户可以直接在网页中看到和与之交互的部分。图 3-20 所示是向 ChatGPT 提问，生成节日礼花代码。

图 3-20

2. 设计功能更复杂，涉及前端和后端交互的代码

ChatGPT 生成的前端代码非常好用，有时甚至不怎么需要调试，就能使用了。

当然，除了生成前端代码，后端代码生成和数据库调用，ChatGPT 也是一把好手。下面展示了要求 ChatGPT 生成涉及前端和后端交互功能的代码的过程。

• 用户：帮我生成一个好看的网页，这个网页可以用来登记访问网页人员的姓名、联系方式，并存储在后台数据库里。（下文是多轮对话中 ChatGPT 输出的内容，考虑到篇幅问题，这里隐去用户多次输入的提示词。）

• ⓖ：创建一个网页用于收集访问者的信息并存储在后台数据库中，需要前端和

后端的配合。前端负责创建用户界面，后端负责处理数据并存储到数据库中。图 3-21 是一个简单的示例。

```
<!DOCTYPE html>
<html>
<head>
    <title>访问者登记</title>
</head>
<body>
    <h1>欢迎访问我们的网站！请登记您的信息：</h1>
    <form action="/submit" method="post">
        <label for="name">姓名：</label><br>
        <input type="text" id="name" name="name"><br>
        <label for="contact">联系方式：</label><br>
        <input type="text" id="contact" name="contact"><br>
        <input type="submit" value="提交">
    </form>
</body>
</html>
```

图 3-21

• ⑤：然后，你需要一个后端服务器来处理表单。这个服务器负责接收表单数据，并将其存储到数据库中。图 3-22 是使用 Node.js 和 Express 编写的一段简单代码。

```
const express = require('express');
const bodyParser = require('body-parser');
const app = express();
app.use(bodyParser.urlencoded({ extended: true }));

// 假设你已经设置了一个数据库连接
const db = require('./db');

app.post('/submit', (req, res) => {
    const name = req.body.name;
    const contact = req.body.contact;

    // 将数据存储到数据库中
    db.query('INSERT INTO visitors (name, contact) VALUES (?, ?)', [name,
    contact], (error,results)=>{
        if (error) {
            console.log(error);
            res.send('抱歉，提交失败。');
        } else {
            res.send('谢谢，您的信息已提交。');
        }
    });
});

app.listen(3000, () => console.log('服务器正在运行...'));
```

图 3-22

• ⑤：这个服务器监听 /submit 路径的 POST 请求，从请求体中提取 name 和 contact 字段，然后将这些字段的值插入 visitors 表中。

注意，这个示例只呈现了一段非常基础的代码。在实际应用中，你可能需要添加更多的错误处理代码，还需对用户输入进行验证。此外，你需要设置一个真实的数据库连接，替换上面代码中的 db 对象。

最后，这个示例没有包含任何样式。如果你想让你的网页更好看，可以添加 CSS 样式。

需要注意的是，ChatGPT 生成的代码可能会带来安全漏洞。譬如，在上面这个案例中，由于你收集了用户的联系信息，因此需要考虑数据的安全性。你需要保证传输过程中的数据安全，防止数据被拦截或者篡改。同时，你需要保证数据安全存储，防止未授权的访问和使用。

3.4.2 利用 ChatGPT 分析和跟踪算法代码，让它帮你探路

1. 实现工业领域嵌入式 C++ 代码分析和算法跟踪

我们在用 ChatGPT 分析研究工业级 C++/C 代码时，通过 GPT "指路"，能够快速突破迷局。

在实际工作中，许多程序员或算法工程师常常面临这种情况：已有工程或项目代码，但文档不完整或代码难以理解。尤其是半路接手项目时，这种情况最常见。他们往往需要花费大量时间来阅读代码。这时，借助 GPT 的引导，我们能够迅速解决复杂的问题。如果没有 GPT 的帮助，我们就不得不自行摸索，这十分影响效率。

图 3-23 中显示的是工业领域基于嵌入式 ARM CPU 开发的部分代码，完整的代码有几十万行。要在短期内找出代码中的核心方法，并优化和改进算法，对资深开发者来说也是很大的挑战。

图 3-23

ChatGPT 可以读取代码，迅速厘清程序结果，进一步分析关键节点在哪里。把代码拷贝到 ChatGPT 的对话框中，ChatGPT 所回复的对代码功能、变量甚至方法的描述，能给我们以极大的启发。但是，对话框允许输入的代码行数有限，有时一个文件或函数中代码过长，需要多次输入。

2. 设计数字集成电路中的数字逻辑

我们做数字集成电路设计时需要用 HDL（Hardware Description Language，硬件描述语言）来描述硬件逻辑，然后把它写进 FPGA（Field Programmable Gate Array，现场可编程门阵列）器件或 ASIC（Application Specific Integrated Circuit，专用集成电路）的前端设计软件中。让 ChatGPT 用 Verilog 写一个 RTL（Register Transfer Level，寄存器传输级）的 8 位桶移寄存器，代码如图 3-24 所示。

```verilog
module barrel_shift_reg(
  input clk,
  input reset,
  input [7:0] in,
  input shift,
  output reg [7:0] out
);

always @(posedge clk, posedge reset) begin
  if (reset) begin
    out <= 0;
  end
  else begin
    if (shift) begin
      out <= {out[6:0], in[0]};
    end
    else begin
      out <= {out[6:0], in[7]};
    end
  end
end

endmodule
```

图 3-24

3.4.3 ChatGPT 提升程序员编写代码和设计算法的效率

ChatGPT 可以一定程度上提高程序员编写代码和设计算法的效率，具体表现如下。

• 代码自动完成：ChatGPT 可以根据程序员输入的代码片段和提示词，输出代码补全建议。这可以帮助程序员快速编写代码，减少手动输入的工作量。

• 智能代码提示：ChatGPT 可以根据程序员的需求和提示词，来提供智能代码提示和建议。它可以分析代码语法和语义，理解程序员的意图，并给出函数、类、变量等方面的建议，帮助程序员更快速地完成编码任务。

· 错误检测和修复：ChatGPT 可以分析代码，识别潜在的错误或不规范的写法，并给出修复建议。这有助于程序员在编码过程中快速发现和解决问题，提高代码的质量和稳定性。

· 算法设计辅助：ChatGPT 可以根据程序员的问题描述或要求，生成可能的算法设计方案或伪代码。这可以为程序员提供参考，加速算法设计过程，节约思考和试错的精力。

· 架构和框架生成：ChatGPT 能准确而有效地建立起任务或项目的架构，给出合理的建议，并能够准确、细致地进行框架分解或列出分支项，为程序员提供全面参考。

可见，ChatGPT 可以通过语言理解和生成能力，更智能和高效地辅助程序员编写程序和设计算法，提升他们的效率和准确性。

目前，AIGC 程序员正不断涌现，或者换句话说，不少程序员获得了新的能力，正逐步转化为 AIGC 程序员，其中包括 PC 端程序员、互联网程序员、移动端程序员、云原生程序员、嵌入式程序员、数字 IC 程序员（或称 "数字 IC 工程师"），以及其他一些行业的程序员，譬如图形程序员（主要技能是会运用 OpenGL、DirectX 等），在新工具的赋能下，他们将不断强化自身技能、提升工作效率。

根据 TIOBE（知名编程语言排行榜，已发布了 20 余年）公布的 2023 年 8 月流行编程语言的占有率如图 3-25 所示。

排名	编程语言	占有率
1	Python	13.33%
2	C	11.41%
3	C++	10.63%
4	Java	10.33%
5	C#	7.04%
6	JavaScript	3.29%
7	Visual Basic	2.63%
8	SQL	1.53%
9	汇编语言	1.34%
10	PHP	1.27%
11	Scratch	1.22%
12	Go	1.16%
13	Matlab	1.05%
14	Fortran	1.03%

图 3-25

使用这些编程语言的部分程序员正在探索新工具，谋求转型，如图 3-26 所示。

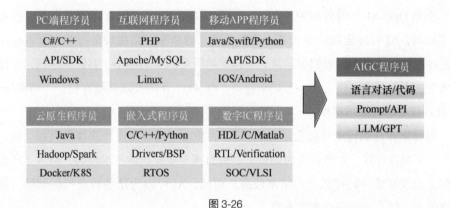

图 3-26

3.5 焦虑：AIGC 时代下的职业该如何规划

3.5.1 可能消失的职业和新出现的机会

ChatGPT 问世后，哪些职业可能会消失，又有哪些新的工作机会可能会出现呢？
以下是可能会消失的职业。

• 电商客服：ChatGPT 可以回答常见的问题，如订单状态等，对人工的需求会有
所降低。

• 文本翻译：ChatGPT 可以自动翻译多种语言。

• 数据录入员：ChatGPT 可以收集和处理信息，并自动将其记录在系统中。

• 以下是可能出现的新职业。

• ChatGPT 开发人员：随着 ChatGPT 的应用越来越广泛，需要更多的开发人员
来维护和扩展它的功能。

• ChatGPT 安装和维护人员：企业或个人可能需要人员来安装、配置、维护与定
制 ChatGPT。

• 数据分析师：由于 ChatGPT 可以处理大量的文本数据，人们需要专门的数据分
析人员来解释和利用这些数据。

总体而言，ChatGPT 会给各行各业带来变化与创新。

3.5.2 根据容错率来确定职业路径

根据 OpenAI 公司公布的消息，AI 取代人类的顺序可能与容错率有关，行业容错率越高，AI 可能会越快取代其人类从业者。容错率，是指特定行业容忍系统的不稳定性或错误的概率。容错率越高，工作效果所受的影响越小；容错率越低，工作效果所受的影响越大。换言之，容错率越高，对 AI 工作的要求就越宽松；容错率越低，AI 处理任务时就要越精准。

容错率较高的行业可能会最先受到 AI 的冲击，这些行业往往涉及内容生成，如写作、平面设计等。这些行业对创造力、智力或专业技能的要求较高，但由于产出不固定，也没有统一的样式，容错率较高。因此，AI 可以为这些行业提供辅助，帮助提高效率，但并不会完全取代人类。

随着 AI 技术不断发展，AI 处理任务的精准度逐渐提升，错误率逐渐降低，AI 开始涉足更复杂的行业。例如，当 AI 的错误率降低到一定水平，类似自动驾驶系统的 E4 等级（E4 等级的自动驾驶系统具有较高的可靠性，但并非完全无须人类干预。大部分情况下，该等级的系统能维持安全驾驶，但遇到某些复杂或极端情况，可能需要人类驾驶员接管）时，可能会开始对软件行业产生冲击。虽然 AI 可以辅助生成代码，但由于实际工作中的代码很复杂，需要人工调试，因此，待 AI 的错误率进一步下降，软件行业才会真正受到影响。

对于责任重大、容错率很低的职业，如律师和医生，AI 需要达到非常高的准确率才能够胜任。因此，这些职业受到 AI 的影响较少。

而在那些容错率极低的行业，如芯片设计制造和火箭设计制造，失败的代价十分高昂，且调试难度巨大，需要从业者具备丰富的行业经验和过硬的技术，AI 在短期内很难取代人类在这些领域的工作。

第 4 章

云想衣裳花想容：Midjourney 助你成为画中仙

4.1　启动：AIGC 工具中的明星产品 Midjourney

Midjourney 是一个人工智能程序，由位于美国旧金山的独立研究实验室 Midjourney Inc. 创建和管理。Midjourney 根据自然语言描述（即提示）生成图像。这是通过大型语言模型和生成对抗网络实现的。生成对抗网络是一种机器学习算法，它由两个神经网络组成：一个生成器和一个判别器。生成器负责生成图像，而判别器负责评估这些图像是否真实。通过训练这两个网络，Midjourney 可以生成高质量的图像，这些图像与自然语言描述相匹配。

Midjourney 于 2022 年 7 月 12 日进入公测后，截至 2023 年 7 月，已经在全球拥有超过 1000 万注册用户，实现了约 1 亿美元的营收，成为一个现象级的 AIGC 产品。在 2022 年美国科罗拉多州博览会的数字艺术 / 数字修饰照片比赛中，AI 创作的作品打败了人类的作品，获得一等奖。暂且不论将来艺术家是否会被 AI 或 AIGC 艺术家取代，对没有绘画基础的普通人来说，能用这样一个神奇的 AIGC 工具创作自己的画作，还是非常吸引人的。下面将介绍如何利用 Midjourney 进行创作。

4.1.1　跟着我学习 Midjourney 的使用

1. 登录 Midjourney

登录 Midjourney 网站，根据提示注册并登录 Discord 账号，出现如图 4-1 所示的页面即登录成功。

图 4-1

现在进入正题！单击 Midjourney 主页面左侧的小帆船图标，再选择左侧的
"#newbies-××"，页面右侧会出现其他人使用 Midjourney 创作的作品，如图 4-2 所示。

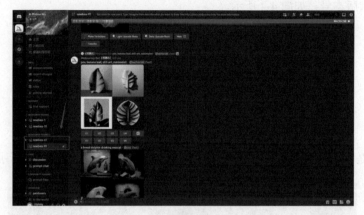

图 4-2

这里说明一下，#newbies-×× 是别人创建的免费服务器，因此进入之后，页面
右侧会不断刷新展示别人创作的图像。当然，我们也可以在这类服务器上创作。

2. 开启 Midjourney 创作之旅

利用 Midjourney 创作需要和机器人（Bot）进行交互，Bot 接收提示词，根据提
示词来创作。具体的操作方式有以下两种。

（1）直接进入免费大厅，也就是 #newbies-×× 服务器进行创作。

进入免费大厅后，可以在命令行输入 "/imagine+ 提示词" 来创作你的作品，如
图 4-3 所示。提示词是对想创作的图像的描述，最好使用英文，如果输入中文，成图
效果可能会和英文输入有较大差距。

图 4-3

例如，输入"/imagine A cute little dog with a tophat--v4"，这就是一段提示词。提示词是由命令、描述性文字、参数 3 个部分组成的，其中参数可以不输入，默认为官方当前模型版本号，如图 4-4 所示。

图 4-4

输入提示词之后稍等一会儿，就可以看到生成的图像了，如图 4-5 所示。

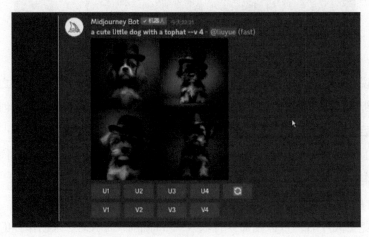

图 4-5

使用别人的免费大厅十分方便，但也有个缺点，就是大家都在一个大厅里创作，作品在不断更新，你的作品很容易淹没在别人的作品中。如果只想看到自己的作品，要怎么做呢？那就需要使用下面介绍的第二种方法。

（2）使用独立机器人（Bot）服务。

单击 Midjourney 主页面左侧的"+"按钮，根据提示添加服务器，如图 4-6 和图 4-7 所示。（如果你第一次登录账号的时候已经创建过自己的服务器，那直接在左侧打开自己之前创建的服务器就可以了。）

按照指示创建服务器后，单击图 4-8 中左侧边栏的小帆船图标，返回主页面。单击任意一个免费大厅，在右侧找到并单击 Midjourney Bot，然后在弹出的界面中单击"添加至服务器"，如图 4-8 所示。

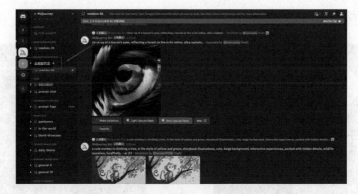

图 4-6

图 4-7

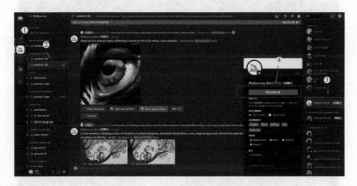

图 4-8

在弹出界面的下拉菜单中选择你刚刚创建的服务器（或你第一次登录时创建的服务器），单击"继续"按钮，如图 4-9 所示。再在新弹出的界面中选择"授权"即可，如图 4-10 所示。

图 4-9   图 4-10

按要求完成人机验证后，页面上会显示"已授权"，如图 4-11 所示。

图 4-11

进入自己创建的服务器，在主页面右侧就能看到 Midjourney Bot 了。这样，我们就可以在自己的服务器里创作作品，不会再被其他人的作品干扰了。

操作到这里，恭喜你，你已经拥有了自己的专属绘画机器人，即使你没有任何绘画基础，只要会使用提示词写作技巧，就可以命令你的 Bot 创作出精美的作品。

3. Midjourney 画图的基本命令

在你和 Bot 交流的过程中，任何时候键入"/"都可以获得命令提示，让 Bot 帮你执行各种命令。Midjourney 的基本命令及其说明如表 4-1 所示。

表 4-1   Midjourney 的基本命令及其说明

基本命令	说明
/imagine	从文本创建图像（50 秒内创建 4 张图像）
/info	查看流量使用、创建图像张数、邀请码等信息
/invite	生成邀请链接并将其发送到你的邮箱，以便你邀请某人加入服务器
/ideas	随机产生一些关于提示词的提示
/ask	向 Midjourney 提问
/help	帮助
/subscribe	生成自己账号的 Web 地址
/fast	切换成快速出图模式，会收费
/relax	切换成一般出图模式
/setting	设置自己账户的配置项，例如图片质量要求、生成速度要求等

当你想让 Bot 为你创作时，你只需要输入指令"/imagine"，再输入"咒语"（提示词），Bot 就会开始生成图像。接下来，我们将详细介绍编写"咒语"的技巧。

4.1.2　揭秘 Midjourney 的提示词写作技巧

Midjourney 的"咒语"是由一组单词或短语组成的，这些单词或短语描述了你想生成的图像。例如，"A girl is standing by the seaside, with a beautiful sea and sky in the distance. There are clouds in the sky, and sunlight is shining on the girl's hair and body."就是一个 Midjourney 提示词，它可以生成一幅描绘年轻女子、大海、天空和阳光的美丽作品。

一个标准 Midjourney 提示词的示例：/imagine A single girl standing in the dark, almost no light, Wong Kar-Wai style, exquisite clothing details, summer night, background with a sense of desire, romance, and mystery, classic elegance, wide-angle and long-focal-length lenses, low-key illumination, dim light, --ar 131：87 --v 5 --s 750 --q 2（一个单身女孩站在黑暗中，几乎没有灯光，王家卫风格，精致的服装细节，夏夜，有着欲望、浪漫、神秘感觉的背景，古典式的优雅，广角和长焦镜头，低调的照明，昏暗的光线，画面宽高比 131：87）。

30 秒后，Midjourney 生成了如图 4-12 所示的美丽作品，是不是颇有王家卫之风呢？

图 4-12

从上面的示例中不难看出，提示词由主体描述、视角、作品风格、光线、相机参数、宽高比等组成。

（1）主体描述。即对作品主要内容的描述，如 "a single girl standing in the dark" "a girl in white shirt and blank jeans"。这里描述得越详细越好，如果画面主体是人物，可以描述人物的眼睛颜色、头发颜色、发型、服装等，还可以对人物的表情进行详细说明，比如 "A young woman with a height of 162cm and a weight of 55kg, working as a marketing head at a tech company. She has long curly hair, wearing a white-strap beach dress, and she loves to laugh and dance with joy"。

（2）视角。常用的视角描述如表 4-2 所示。

表 4-2　常用的视角描述

front view	正视图
symmetrical	对称
centered composition	居中构图
symmetrical composition	对称构图
rule of thirds composition	三分法构图
S-shaped composition	S 型构图

（3）作品风格。以绘画作品的生成为例。画种和画派：中国水墨画、古典油画、印象派油画等；艺术家风格：莫奈风格、宫崎骏风格、新海诚风格、毕加索风格等；画风及其他特质：野兽派配色、黑白、油画厚涂等。

（4）光线。创作优秀的作品，一定要对光线做出描述，比如：volumetric lighting（体积照明）、bright（明亮的）、cold light（冷光）、soft illuminaotion/soft lights（柔和的照明 / 柔光）、mood lighting（情绪照明）等。

（5）相机参数。选择你喜欢的相机参数，如 film（电影质感）、Fujifilm（富士胶片）、luxurious（奢华质感）、焦距 35mm、光圈 f1.8 等。

（6）宽高比。如 16：9、9：16、2：3 等。

（7）分辨率。如 4K、8K、16K、32K 等。

（8）渲染参数。如 Unreal Engine（虚幻引擎）、octane render（辛烷值渲染）、Maxon C4D（一种渲染）、Quixel Megascans Render（有真实感的渲染）、architectural visualisation（建筑渲染）、Corona Render（室内渲染）。

（9）配置参数。可以不输入，系统会默认使用当前版本的配置参数。

在构思提示词的时候，你可以遵循这一关键词公式：主体描述＋环境描述＋气氛描述＋光线＋色彩＋构图＋作品风格＋相机参数＋渲染参数＋配置参数。例如："A girl is standing, ports, ships, sunset, beautiful lighting, golden moments, surreal atmosphere, focused, detailed, cinematic quality, clouds in the sky, and sunlight is shining on the girl's hair and body. The color scheme of Monet's oil painting style, Hayao Miyazaki style, Studio Ghibli, illustration --ar=16：9"（一个女孩站着，港口，船只，日落，美丽的灯光，黄金时刻，超现实的氛围，聚焦，细致，电影品质，天空中有云，阳光照在女孩的头发和身体上。莫奈油画风格的配色，宫崎骏风格，吉卜力工作室，插画，宽高比 16：9）。

注意，Midjourney 和 ChatGPT 不同，前者的 Bot 不是语言模型，并不在乎提示词的语法是否正确，只要把关键词列清楚就可以了。输入这段提示词，你就会得到类似图 4-13 所示的作品。

图 4-13

如上所述，善用提示词，就可以生成卡梅隆电影级别的大片！关键词非常重要，尤其要了解常用关键词的英文说法。表 4-3 列出了常用绘画风格关键词的英文说法，表 4-4 列出了常用材质关键词的英文说法，表 4-5 列出了常用配置参数的英文说法。

表 4-3　常用绘画风格关键词

风格	说明	风格	说明
Studio Ghibli	吉卜力工作室风格	limited palette	有限色调
landscape	山水画	watercolor	水彩
trending on ArtStation	A 站（ArtStation，一个计算机绘图交流网站）风格	vector pattern	矢量图案
surrealism	超现实主义风格	vector illustration	矢量插画
oil painting	油画风格	ink dropped in water	水墨
original	原画风格	Pop Art	波普艺术
Cyberpunk	赛博朋克风格	Chinese propaganda	中国宣传画
post-impressionism	后印象主义风格	concept art	概念艺术
Wasteland Punk	废土朋克风格	Dot Art	点艺术
digitally engraved	数字雕刻风格	Line Art	线艺术

续表

风格	说明	风格	说明
architectural design	建筑设计风格	oil paint	油画
poster style	海报风格	palette knife painting	调色刀油画
traditional Chinese ink painting	东方水墨画	realistic	写实风格
Japanese Ukiyo-e	浮世绘	realistic photograph	写实照片
manga style	日本漫画风格	cinematic	电影风格
stock illustration style	童话插图风格	hyperdetailed	特别细节
CGSociety	数字艺术风格	behind the scenes	幕后
DreamWorks Pictures	梦工厂影业风格	cinematic lighting	电影打光
Pixar	皮克斯风格	Calotype	卡罗式摄影法
fashion	时尚	macro shot	微距
Japanese poster style	日本海报风格	wide shot	广角
90s video game	20 世纪 90 年代电视游戏风格	telescope	望远镜
French art	法国艺术风格	360 panorama	360 全景
Bauhaus	包豪斯风格	aerial view	鸟瞰
Anime	日本动画片	full body	全身
pixel art	像素画	side view	侧面
Vintage	古典风格	Go Pro	Go Pro 风格
Pulp Noir	黑色电影	drone photography	无人机摄影
country style	乡村风格	Polaroid	宝丽来风格
abstract	抽象风格	Fujifilm	富士胶卷质感
Risograph	Riso（一种油墨）印刷风格	LOMO	LOMO 风格
graphic	设计风格	shot on 35mm	35 毫米胶卷
ink render	墨水渲染	15 mm lens	15mm 镜头
ethnic art	民族艺术	35 mm lens	35mm 镜头
dark vintage	黑暗复古风格	85 mm lens	85mm 镜头
illustration	插画风格	science fiction	科幻
steampunk	蒸汽朋克风格	alien	外星人
film photography	电影摄影风格	Saturn	土星

续表

风格	说明	风格	说明
knolling	整齐对称排列	Galaxy	银河系
montage	剪辑	Lunar	月亮
full details	充满细节	Universe	宇宙
Gothic gloomy	哥特式黑暗	NASA	美国国家航空航天局
Trippy Art	迷幻艺术	Jupiter	木星
black and white	黑白风格	Mechanism	机械主题
pointillism	点彩画法	Anton Pieck	安东·匹克风格
Baroque	巴洛克风格	Hergé Comics	埃尔热（"丁丁历险记"系列漫画作者）风格
Impressionism	印象派风格	Beatrix Potter	毕翠克丝·波特（儿童漫画家）风格
Art Nouveau	新艺术风格	Frank Frazetta	弗兰克·弗雷泽塔（西方幻想插画家）风格
Rococo	洛可可风格	John Harris	约翰·哈里斯（科幻插画师）风格
Renaissance	文艺复兴时期艺术风格	Atey Ghailan	阿特伊·盖兰（瑞典概念艺术家）风格
Fauvism	野兽派风格	Craig Mullins	克雷格·穆林斯（CG插画大师）风格
Cubism	立体派风格	Andreas Lie	安德里亚斯·莱尔（现代印象主义画家）风格
OP Art/Optical Art	欧普艺术/光学艺术	Edvard Munch	爱德华·蒙克风格
Victorian	维多利亚时期艺术风格	Piet Mondrian	皮特·蒙德里安风格
Futurism	未来主义	Tristan Eaton	特里斯坦·伊顿（涂鸦艺术家）风格
Minimalism	极简主义	Jon Burgerman	乔恩·伯格曼（涂鸦艺术家）风格
minimalistic logo	极简主义标志	Adolph Menzel	阿道夫·门泽尔（现实主义油画艺术家）风格
Brutalist	粗野主义	Van Gogh	凡·高风格
Constructivist	建构主义	Albert Bierstadt	阿尔伯特·比尔施塔特（风景画家）风格
BotW	塞尔达传说：旷野之息	Alice Neel	爱丽丝·尼尔（肖像画家）风格

续表

风格	说明	风格	说明
Warframe	星际战甲	Alfred Kubin	阿尔弗雷德·库宾（版画家）风格
Pokemon	宝可梦	Grant Wood	格兰特·伍德风格
APEX	Apex 英雄	David Hockney	戴维·霍克尼（版画家）风格
The Elder Scrolls	上古卷轴	Da Vinci	达·芬奇风格
Detroit: Become Human	底特律：化身为人	Alexander Jansson	亚历山大·詹森（幻想风格插画师）风格
AFK Arena	剑与远征	Terry Frost	特里·弗罗斯特（抽象派/超现实主义艺术家）风格
Cookie Run for kakao	跑跑姜饼人	Salvador Dali	萨尔瓦多·达利风格
League of Legends	英雄联盟	Pablo Picasso	巴勃罗·毕加索风格
JoJo's Bizarre Adventure	JoJo 的奇妙冒险	Rene Magritte	雷内·马格丽特（超现实主义艺术家）风格
Makoto Shinkai	新海诚风格	Wassily Kandinsky	瓦西里·康定斯基风格
Soejima Shigenori	副岛成记风格	Alessandro Gottardo	亚历山德罗·戈塔多（超现实主义插画师）风格
Yamada Akihiro	山田章博风格	Nicolas de Staël	尼古拉·德·斯塔埃尔（抽象画家）风格
Munashichi	六七质风格	Robert Rauschenberg	罗伯特·劳森伯格（达达主义艺术家）风格
watercolor children's illustration	水彩儿童插画	Man Ray	曼·雷（超现实主义/达达主义艺术家）风格
quilted art	绗缝艺术	Marcel Duchamp	马塞尔·杜尚风格
partial anatomy	局部解剖	Hannah Hoch	汉娜·霍克（达达主义艺术家）风格
Ink and color on paper	水墨设色纸本	Claude Monet	克劳德·莫奈风格
doodle	涂鸦风格	Junji Ito	伊藤润二风格
Voynich manuscript	伏尼契手稿	Hokusai	葛饰北斋风格
book page	书页	Ohara Koson	小原古邨（日本古代画家）风格
3D	3D 风格	paper cut craft	剪纸
sophisticated	复杂	Chinese Paper Art	中国剪纸
photoreal	真实感	Kirigami	日本传统剪纸

续表

风格	说明	风格	说明
National Geographic	国家地理杂志风格	paper quilling art	衍纸艺术 / 卷纸装饰工艺
Hyperrealism	超写实主义	Yoshitomo Nara	奈良美智风格
architectural sketching	建筑素描	Dieter Rams	迪特·拉姆斯（工业设计师）风格
symmetrical portrait	对称肖像	Daniel Arsham	丹尼尔·阿舍姆（石膏、水晶、石英、玻璃艺术家）风格
clear facial features	清晰的面部特征	M.C. Escher	M. C. 埃舍尔（错觉艺术家）风格
subsurface scattering	次表面散射	Alan Lee	艾伦·李（《指环王》插画师）风格
interior design	室内设计	Cowboy Bebop	星际牛仔
weapon design	武器设计	Dragon Ball	龙珠
game scene graph	游戏场景图	Fullmetal Alchemist	钢之炼金术师
character concept art	角色概念艺术	Naruto	火影忍者
from food blog	美食	Rick and Morty	瑞克和莫蒂
Chibi Art	Chibi 风格	Wes Anderson	韦斯·安德森（《布达佩斯大饭店》导演）风格
Bayeux Tapestry	贝叶挂毯	Yoji Shinkawa	新川洋司（插花艺术家）风格
Minoan Mural	米诺斯文明壁画	Jamie Hewlett	杰米·休利特（漫画家）风格
frame	相框	banner	横幅

表 4-4　常用材质关键词

材质	说明	材质	说明	材质	说明
etching	蚀刻（浅）	pearl	珍珠	high polished	抛光
engraving	雕（中度）	jade	玉石	brushed	拉绒
deep carving	刻（深）	amber	琥珀	matte	哑光
ivory	象牙	ruby	红宝石	satin	缎面
obsidian	黑曜石	amethyst	紫水晶	hammered	锤铸
granite	花岗岩	diamond	钻石	sandblasted	喷砂
basalt	玄武岩	heliodor	太阳石	ebony	乌木
marble	大理石	antique	做旧	cuprite	赤铜
pine	松木	clay material	黏土材质		

表 4-5　常用配置参数

参数	说明
--w	图像宽度（px），设置为 64 的倍数（或 128 的倍数，后面加上"for --hd"）会产生较好的效果
h	图像高度（px），设置为 64 的倍数（或 128 的倍数，后面加上"for hd"）会产生较好的效果
--seed	设置随机种子（有时能使生成的几代图像保持稳定、彼此相似），其用法是单击信封符号，把种子编号传到信箱
--no	负激发，指定生成的图像中不出现什么。如"--no plants"指不要有植物，"Snoopy --no canine"指生成史努比的图像，但是不要有真的狗出现
--video	把制图过程录成动画，发送到你的私人邮箱
--iw	用于设置图片参数的权重
--fast	以较快的速度生成图像，图像的连续性（或合理性）会比较差
--vibe	使用旧算法生成图像（氛围感更强，更抽象，有时整体效果或纹理效果更好）
--vibefast	以较快的速度使用旧算法生成图像
--hd	适合较大的图像，但图像的连续性会比较差
--stop	在图像生成过程的早期停止生成图像，数值须在 10～100，数值不同，可以生成模糊程度不同的图像
--uplight	使用此参数生成后续图像时，新图像与原图较为接近
--aspect X --ar X	设置图片宽高比，如 16：9
--no dof	移除景深

4.2　变化：活用 Midjourney，你也能成为神笔马良

4.2.1　ChatGPT+Midjourney，绘出中国古风意境之美

从前面的介绍可以看出，Midjourney 是一位多才多艺的"大师"，只要你能清晰描述你的需求，它就能帮你生成能达到你需求的作品，有时甚至会远超你的预期。Midjourney 擅长运用光影，打造清晰细节。下面就来讲解如何结合 ChatGPT 和 Midjourney，生成细节丰富、意境深远的好作品——中国古诗词描绘的画面，让大家逐步了解 AI 是怎么解析美并创造美的。

话不多说，先选一些有细节、有意境的古诗词吧。比如王维的五言绝句《鸟鸣涧》："人闲桂花落，夜静春山空。月出惊山鸟，时鸣春涧中。"随后，让 ChatGPT 解

读这首诗，它给出了这样一段描述："这首诗描写的是春夜山间的景色。人闲静，桂花飘落，夜色宁静，春山空寂。月亮升起，惊动了山中的鸟儿，它们在春涧中鸣叫。整首诗表现出了春夜山间的宁静幽美。"再让 ChatGPT 将这段文字转换成英文的提示词："The scenery in the mountains on a spring night is quiet, with osmanthus falling and the night tranquil. The spring mountain sky is still. The moon rises and startles the birds in the mountains. They sing over the spring stream. The tranquility and beauty in the mountains, oil painting, painterly style --ar 3：2 --v 5 --q 2 --s 750"。生成的作品如图 4-14 所示。

图 4-14

上面设置的是油画效果，似乎并不能体现出古诗的意境，换成中国画效果会发生什么样的变化呢？下面将 "oil painting" 换成了 "Chinese painting, freehand"，也就是"中国画，写意"，生成了如图 4-15 所示的美妙作品。

图 4-15

再换成"Chinese ink painting style, black and white, with more negative space"，也就是"中国水墨画，黑白，留白多一些"，生成的如图 4-16 所示的作品就更加有古韵了。

图 4-16

再试试这首诗："清明时节雨纷纷，路上行人欲断魂。借问酒家何处有？牧童遥指杏花村。"用 ChatGPT 将其转化为 Midjourney 提示词："It's Qingming Festival in southern China. The drizzle falls gently and incessantly. Somebody asking where to buy wine to relieve their sorrows, a shepherd boy smiles and points to a village deep in the apricot blossoms. Chinese painting, freehand"。Midjourney 生成的图像如图 4-17 所示。

图 4-17

尝试根据古诗来生成图像之后，我们再试试更加复杂的赋，看看 AI 能不能描绘出《洛神赋》："翩若惊鸿，婉若游龙。荣曜秋菊，华茂春松。髣髴兮若轻云之蔽月，

飘飖兮若流风之回雪。远而望之，皎若太阳升朝霞；迫而察之，灼若芙蕖出渌波。秾
纤得衷，修短合度。肩若削成，腰如约素。延颈秀项，皓质呈露。芳泽无加，铅华弗
御。云髻峨峨，修眉联娟。丹唇外朗，皓齿内鲜，明眸善睐，靥辅承权。瑰姿艳逸，
仪静体闲。柔情绰态，媚于语言。奇服旷世，骨像应图。披罗衣之璀粲兮，珥瑶碧之
华琚。戴金翠之首饰，缀明珠以耀躯。践远游之文履，曳雾绡之轻裾。微幽兰之芳蔼
兮，步踟蹰于山隅。"这个难题也交给 ChatGPT，生成的提示词和图像如图 4-18 所示。

图 4-18

中国的古诗词浩如烟海，博大精深，有兴趣的同学们可以研读唐诗、宋词、赋
等，你的训练能帮 21 世纪的 AI 逐步领会中文宝库中极富意境的文本，这是多么美好
的一件事。

4.2.2　萌版头像绘制秘诀，自建你的元宇宙形象

在元宇宙时代，有一个卡通头像是刚需，用 Midjourney 绘制专属自己的头像，
不仅可以为你在虚拟世界中构建独一无二的形象，还能更好地表现你的个性和风格。

Midjourney 擅长捕捉个体的独特之处，并将其转化为引人入胜的艺术作品。无论
你是元宇宙的常客还是新手，都可以通过 Midjourney 来创建一个引人注目的虚拟形
象。这样的头像不仅可以在元宇宙中使用，还可以作为你在社交媒体、游戏和其他在

线平台中的标识。随着元宇宙的发展，我们相信 Midjourney 绘制的个性化头像将成为更多人表达自我、展示个性的重要方式。

下面介绍如何用 Midjourney 创作萌版头像。

要绘制一个人的头像，首先要让 Midjourney 记住这个人的相貌，这就需要用到 Midjourney 的一个功能——"垫图"，也就是上传真人照片，让 AI 把其相貌特征记录下来，这样，AI 绘制的头像看起来就会比较像。

"垫图"的操作步骤：单击 Bot 左下角的"+"，然后选取照片，双击上传即可。建议上传 1 ~ 6 张清晰照片，让 AI 从各个角度记录你的样子。

然后，你就可以编写提示词了："照片链接 1 链接 2 链接 3 链接 4 Cute girl, artist, cartoon, task, Pixar style, Disney style, super realism, gradient background, exquisite 3D rendering, 3D, 4K, Blender, C4D, octane rendering"（可爱的女孩，艺术家，卡通，任务，皮克斯风格，迪士尼风格，超现实主义，渐变背景，精致的 3D 渲染，3D，4K，Blender，C4D，辛烷值渲染）。注意，照片上传之后，复制每一个链接，贴在最前面，链接之间用空格隔开即可。在输入完链接之后，再输入提示词的其他部分，生成的头像如图 4-19 所示。

图 4-19

想换个职业？把"艺术家"换成"歌手"试试："Cute girl, singer, cartoon, task, Pixar style, Disney style, super realism, gradient background, exquisite 3D rendering, 3D,

4K, Blender, C4D, octane rendering "（可爱的女孩，歌手，卡通，任务，皮克斯风格，迪士尼风格，超现实主义，渐变背景，精致的 3D 渲染，3D，4K，Blender，C4D，辛烷值渲染）。生成的头像如图 4-20 所示。

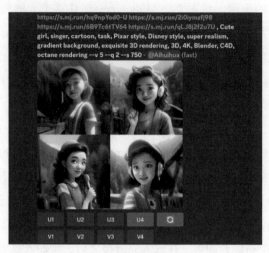

图 4-20

接下来试试宫崎骏风格："A girl in white shirt and blue jeans, black hair, white background, Hayao Miyazaki style, Studio Ghibli, illustration, anime, Spirited Away style, --ar 1：1"（一个穿着白衬衫和蓝色牛仔裤的女孩，黑头发，白背景，宫崎骏风格，吉卜力工作室，插图，动漫，《千与千寻》风格，图片宽高比 1：1）。生成的头像如图 4-21 所示。

图 4-21

再换个装束："A girl wearing a white Han suit with long hair"（一个身穿白色汉服的长发女孩）。效果如图 4-22 所示。

图 4-22

还是汉服，但是换成水墨风格，加上 "Chinese ink painting style, black and white, with more white background" 即可，效果如图 4-23 所示。

图 4-23

通过调整提示词，可以生成各种氛围、妆容、风格的头像。如："super cute Popmart girl doll, brown curly hair, in winter, pastel color, mockup, fine luster, clean background, 3D render, soft focus, octane rendering, Blender, best quality --ar 3：4"（超级可爱的泡泡马特女孩玩偶，棕色卷发，冬天，柔和的颜色，实物模型，细腻的光泽，干净的背景，3D 渲染，柔焦，辛烷值渲染，Blender，最佳质量，宽高比 3：4）。效果如图 4-24 所示。

图 4-24

可爱吗？再来："super cute Popmart girl doll, blind box toy, waist-up portrait, agate red hair, emerald green eyes, colorful crystal earrings, and a shimmering pink princess dress，pinkish background, Harajuku style, chibi, soft focus, mockup, 3D render, octane rendering, Blender, best quality --ar 3：4"（超级可爱的泡泡马特女孩玩偶，盲盒玩具，

腰部以上的肖像，玛瑙红的头发，翡翠绿的眼睛，五颜六色的水晶耳环，和闪闪发光的粉色公主裙，浅粉色背景，原宿风格，Q 版风格，柔焦，实物模型，3D 渲染，辛烷值渲染，Blender，最佳质量，宽高比 3：4）。效果如图 4-25 所示。

图 4-25

最后再看看如何绘制穿着西装的职场萌版头像。提示词如下："cute cute cute girl, wearing a blue suit, cartoon, task, Pixar style, Disney style, super realism, gradient background, exquisite 3D rendering, 3D, 4K, Blender, C4D, octane rendering"（非常非常可爱的女孩，穿着蓝色西装，卡通，任务，皮克斯风格，迪士尼风格，超现实主义，渐变背景，精致的 3D 渲染，3D，4K，Blender，C4D，辛烷值渲染）。加多个 cute 是因为 Midjourney 会分辨提示词中形容词重复的次数，据此来计算权重，这个规则也挺有趣的吧？效果如图 4-26 所示。

图 4-26

很棒，这就换上新头像去朋友圈"刷"存在感吧！

4.2.3　带上 AI 化身，开启全球"大冒险"，燃爆朋友圈

如果 AI 已经记住了你的样子，那么，你可以让 AI 帮你绘制各种场景，让"你"可以去世界各地游玩，甚至还可以上火星！

你可以用文字描述你想去的地方，也可以上传背景图，也就是用你的照片和背景图来垫图，再描述你的画面，AI 会懂的。例如："a girl is standing, wearing a red down jacket and goggles, standing on the Arctic continent with an iceberg in the background, focused, detailed, cinematic quality, there are clouds in the sky, sunlight is shining on the girl's hair and body, Monet's oil painting style, bright color scheme, illustration, anime --ar=16：9"（一个女孩站立着，她穿着红色羽绒服，戴着护目镜，站在北极大陆上，背景是一座冰山，聚焦，细节丰富，电影质感，天空中有云，阳光照在女孩的头发和身体上，莫奈油画风格，明亮的配色，插画，动漫，意气风发的风格，宽高比16：9）。生成的图片如图 4-27 所示。

图 4-27

换一个场景："editorial style photo, medium close-up, a young Asian woman sitting in an outdoor café on the Champs Elysees in France, wearing a purple dress, with sunlight shining on the girl's hair and body, focused, meticulous, film quality, masterpiece, natural lighting, Fuji film, luxury, history, 4K"（编辑风格的照片，中特写，照片中一名年轻的亚洲女子坐在法国香榭丽舍大街的一家室外咖啡馆里，穿着紫色连衣裙，阳光照射在女孩的头发和身体上，聚焦，细致，电影质量，杰作，自然光照，富士胶片，豪华，历史，4K）。生成的图片如图 4-28 所示。

图 4-28

换成古风场景："a Chinese girl, dressed in a purple Hanfu, with long hair tied in an ancient Chinese bun, holding a Chinese palace lamp, walks past a palace, her whole body, distant view, gorgeous golden Chinese palace, CG rendering in Chinese style, fairy tale, birds chasing the moon in the sky, very beautiful, lighting effect, dream, starry sky, super detailed, illustration, 4K, Unreal Engine, ethereal clouds, moon palace, HD --ar 9∶16"（一个中国女孩，穿着紫色汉服，留着长发，扎着一个古老的中国发髻，手里拿着一盏中国宫灯，走过一座宫殿，全身，远眺，华丽的金色中国宫殿，中国风的 CG 渲染，童话，天空中飞鸟逐月，非常美丽，灯光效果，梦幻，星空，细节满满，插画，4K，虚幻引擎，飘渺的云朵，月宫，高清，宽高比 9∶16）。生成的图片如图 4-29 所示。

图 4-29

大家可以多多尝试，体验每日穿梭在各种场景中的感受。

4.3　提升：Midjourney 让我们人人都能成为设计师

4.3.1　多快好省搞定各种风格的 logo 设计

设计师的圈子里有两个著名的段子，一个是"兄弟，顺便帮我设计个 logo 呗"，另一个是"我想要五彩斑斓的黑"。Midjourney 出现之后，这两个段子都可以成真——Midjourney 可以设计出 100 个 logo 供你选择。

假设你要开一个咖啡馆，打算以小熊为主题设计咖啡馆的 logo，可以用这个提示词："coffee shop mascot logo, cute cute cute bear themed, simple, vector free --no shadow details"（咖啡店吉祥物 logo，可爱小熊主题，简单，无矢量，无阴影细节）。得到的 logo 如图 4-30 所示。

再生成一个徽章风格的 logo："a logo and emblem of a coffee shop, themed around a teddy bear, are vector and simple --no realistic details"（一个咖啡馆的 logo 和徽章，以小熊为主题，矢量，简单，无细节）。得到的 logo 如图 4-31 所示。

图 4-30

图 4-31

波普风格的 logo："a coffee shop logo, bear themed, simple, vector, pop art"（一个咖啡馆的 logo，小熊主题，简单，矢量，波普艺术）。得到的 logo 如图 4-32 所示。

可爱原宿风格的 logo："a coffee shop logo, bear themed, simple, Harajuku style, chibi, soft focus, mockup, 3D render, best quality"（一个咖啡店 logo，小熊主题，简单，原宿风格，Q 版风格，柔焦，实物模型，3D 渲染，最佳质量）。得到的 logo 如图 4-33 所示。

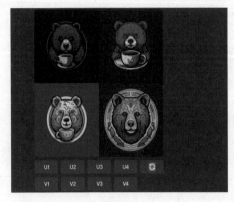

图 4-32

图 4-33

迷幻风格的 logo："a logo of a coffee shop with the theme of a bear, simple, vector, Psychedelic Art --no text or realistic details"（一家以熊为主题的咖啡店的 logo，简单，矢量，迷幻艺术，无文字，无细节）。得到的 logo 如图 4-34 所示。

你可以多多尝试改变风格、材质、灯光、精细程度等，看看生成效果有什么不同。还有一类提示词比较有意思，

图 4-34

可以让 AI 模仿某一位或者某一类艺术家的风格，示例如下。

- Paul Rand：IBM 和美国广播公司 logo 的设计者。

- Massimo Vignelli：纽约市地铁地图 logo 的设计者。

- Rob Janoff：苹果公司 logo 的设计者。

- Sagi Haviv：美国网球公开赛和《国家地理》杂志 logo 的设计者。

- Steff Geissbuhler：NBC 和时代华纳有线电视公司 logo 的设计者。

- Saul Bass：平面设计师与美术制作师。

……

另外，之前谈到的垫图功能，对 logo 设计而言非常有意义。假如我们用苹果公司的 logo 来垫图，AI 就会生成如图 4-35 所示的 logo。

还可以尝试通过垫图将两张图片融合，例如融合刚才生成的 logo 和星巴克的 logo，得到的 logo 如图 4-36 所示。

图 4-35   图 4-36

要特别注意的是，Midjourney 生成的 logo，字母一般不带有特别的设计，要得到成熟的 logo，还是要用其他工具做一些修改的。但 Midjourney 至少可以给我们足够的灵感，帮我们快速进行各种大胆的尝试，我们只需要像甲方一样，选出最喜欢的一个版本，在其基础上进行修改。花费 30 分钟左右的时间，基本就能挑出 3 ～ 5 张质量还算不错的作品，某种程度上也算达到了"顺手设计个 logo"的效果。

4.3.2　掌握建筑设计要领，创建各种大师风格的效果图

在建筑设计领域，AI 会表现出怎样的速度和想象力呢？

先看看国外建筑设计师的这一提示词能生成怎样的作品吧："modern villa in a forest filled with rain and fog, 8K, detailed, raining, realistic, photographed by Mike Kelley"（充满雨雾的森林中的现代别墅，8K，细致，下雨，逼真，由麦克·凯利拍摄）。生成的图像如图 4-37 所示，很有氛围感，令人惊艳。

要生成建筑的图像，建议提示词遵循以下结构：对主体建筑的详细描述＋周边环境＋建筑风格或时代＋建筑师 / 设计师 / 摄影师＋参数。也就是说，Midjourney 的创作灵感来自各领域的顶尖人物，怪不得其生成的许多作品都不同凡响。

首先尝试伦佐·皮亚诺（Renzo Piano）的风格，他是当代意大利著名建筑师，1998 年普利兹克奖得主，他的代表作是法国蓬皮杜艺术中心。试试这个提示词："ethereal glass structure suspended over a serene body of water, showcasing the innovative architectural style of Renzo Piano, captured by Hiroshi Sugimoto --ar 16∶9"（充满灵性的玻璃结构悬在宁静水面上，体现了伦佐·皮亚诺的创新建筑风格，杉本博司拍摄，宽高比 16∶9）。生成的图像如图 4-38 所示。

图 4-37

图 4-38

　　再尝试另一位设计师——扎哈·哈迪德（Zaha Hadid）的风格，她是 2004 年普利兹克奖的获奖者，其代表作品有广州大剧院、北京银河 SOHO、北京望京 SOHO、上海凌空 SOHO。试试这个提示词："a futuristic skyscraper with a large number of steel and glass structure designs, beautiful gardens and geometric sense, inspired by Zaha Hadid, photographed by Candida Höfer -- ar 16 : 9"（采用大量钢结构和玻璃结构设计、拥有美丽花园和几何感的未来主义摩天大楼，灵感来自扎哈·哈迪德，由康迪达·赫弗拍摄，宽高比 16 : 9）。生成的图像如图 4-39 所示。

图 4-39

贝聿铭是国人熟知的建筑大师，建筑设计史上里程碑式的人物，他擅长使用混凝土与玻璃，而且能够完美地将文化融入建筑，世界各地都留有他的经典作品，如中国香港的中银大厦、美国国家美术馆东馆等。

试试这个提示词："Design a villa by the misty and rainy lake, with a minimalist geometric design. The villa is surrounded by bamboo forests and features eaves and raised corners of Chinese traditional gardens. A pool of lake depicts the distant indigo mountains. Refer to I.M. Pei's style, shot by Hiroshi Sugimoto -- ar 16 : 9"（用极简主义的线条造型，设计一栋伫立在烟雨蒙蒙的湖边的别墅。别墅被竹林环绕，带有中国传统园林的飞檐翘角。一池湖水描绘出远山青黛。参考贝聿铭的风格，由杉本博司拍摄，宽高比 16 : 9）。生成的图像如图 4-40 所示。

图 4-40

摄影师朱利叶斯·舒尔曼（Julius Shulman）的摄影作品，有着 20 世纪 50 年代汽车飞扬的尾翅中蕴含的那种积极乐观的想象力。舒尔曼于 1960 年拍摄的斯塔尔住宅坐落于洛杉矶山上，俯瞰着城下璀璨的灯光。这栋现代主义建筑由钢架托起，拥有大面积的玻璃墙。这或许能给我们灵感。让我们试试这个提示词："Julius Shulman architectural photography of a house in the LA hills overlooking the city, --ar 16：9"（朱利叶斯·舒尔曼为洛杉矶山上俯瞰城市的一栋房子拍的照片，宽高比 16：9）。生成的图像如图 4-41 所示。

图 4-41

要生成后现代风格建筑的图像，可以试试这个提示词："post-modern architectural design, landscape view, curved forms, decorative elements, asymmetry, dark green colored glass, Psychedelic Art, ceramic tiles, stoned tiles, --ar 16：9"（后现代建筑设计，景

观，弯曲形式，装饰元素，不对称，深绿色玻璃，迷幻艺术，瓷砖，石砖，宽高比16∶9）。生成的图像如图 4-42 所示。

图 4-42

要生成虚构建筑的图像，可以试试这个提示词："the Tower of Babel, Genesis, mountainous landscape, Cyberpunk, futuristic, neon lights, 4K, cinematic, intricate details, extremely detailed, surrealism, Unreal Engine"（巴别塔，《创世纪》，山地景观，赛博朋克，未来主义，霓虹灯，4K，电影质感，复杂的细节，极其细致、超现实主义，虚幻引擎）。生成的图像如图 4-43 所示，很有未来世界的感觉。

图 4-43

还可以试试这个提示词："city architecture of the future, water canals and lush gardens, biomorphic shapes, dot matrix background, Gustav Klimt style, as seen from the sky"（未来的城市建筑，水渠和郁郁葱葱的花园，生物的形状，点阵背景，古斯塔夫·克里姆特风格，鸟瞰）。生成的图像如图 4-44 所示。

图 4-44

目前，AI 还不能生成完整的建筑设计图，但可以绘制各种设计风格的效果图，为建筑设计师提供丰富的灵感。善用 AI 工具的建筑设计师可以将注意力集中在更为关键的设计环节，人机协同已经是未来建筑设计领域不可阻挡的趋势。

4.4 进阶：魔法打败魔法，让 AI 自动生成提示词

虽然写提示词有很多技巧，而且有很多网站（如 ClickPrompt、PromptHero 等）能帮用户生成想要的提示词，但这还是不够"懒"。Midjourney 又推出了一个让人更"懒"的新功能，就是针对特定作品，让 AI 代劳，反推它的提示词。只需两步，就可以化身"懒惰"的 AI 绘画大师。

这个神奇新功能的命令是"/describe"。用户只需发出这个命令，Bot 就会提示用户上传图片，如图 4-45 所示。

图 4-45

这里我们上传之前生成的那张王家卫风格的图片，如图 4-46 所示。

图 4-46

Bot 立即"猜"出了 4 个不同的提示词，如图 4-47 所示。

（1）a beautiful Chinese woman in an elegant red dress, in the style of realistic chiaroscuro lighting, Tokina AT-X 11-16mm f/2.8 Pro DX II, light maroon and emerald, shiny eyes, photo-realistic techniques, Japonisme, painterly style --ar 3：2

一个穿着优雅红色连衣裙的美丽的中国女人，照明采用逼真的明暗对比效果，图丽 AT-X Pro DX II 相机，11 ～ 16mm 焦段，F2.8，浅栗色和祖母绿，闪亮的眼睛，逼真的成像技术，日本主义风格，强调笔触的绘画风格，宽高比 3：2

（2）a beautiful Asian woman in elegant dress, in the style of Atelier Olschinsky, Sigma 105mm f/1.4 DE HSM Art, dark red, shiny eyes, realistic portraiture, framing, Chiho Aoshima --ar 3：2

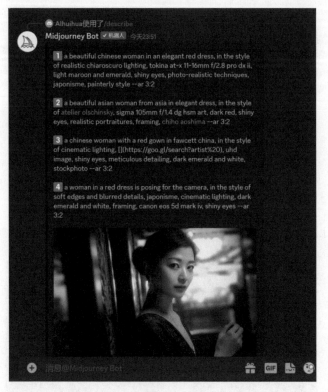

图 4-47

　　一位来自亚洲的美丽女性，穿着优雅的连衣裙，采用奥尔辛斯基艺术工作室的风格，西格玛 DG HSM Art 相机，焦距 105mm ，F1.4，深红色，闪亮的眼睛，逼真的肖像，画框构图，青岛千穗，宽高比 3：2

　　（3）a Chinese woman with a red gown, in the style of cinematic lighting, UHD image, shiny eyes, meticulous detailing, dark emerald and white, stockphoto --ar 3：2

　　一位身穿红色礼服的中国女性，电影灯光，UHD 图片，闪亮的眼睛，细致的细节，深祖母绿和白色，图库照片，宽高比 3：2

　　（4）a woman in a red dress is posing for the camera, in the style of soft edges and blurred details, Japonisme, cinematic lighting, dark emerald and white, framing, Canon EOS 5D Mark IV, shiny eyes --ar 3：2

　　一位身穿红色连衣裙的女士在镜头前摆出姿势，柔和的边缘和模糊的细节，日本主义式风格，电影灯光、深祖母绿和白色，画框构图，佳能 EOS 5D Mark IV，闪亮的眼睛，宽高比 3：2

把第一个提示词再次发送给 Bot，它生成的图片如图 4-48 所示。

图 4-48

虽然 AI 没有"猜"中原版提示词中的"王家卫风格"，但根据它生成的提示词生成的作品，似乎也深得王家卫的精髓呢。

这一新功能推出后，任何人都可以用任何图片生成自己的作品，进而迸发出无数的创作火花。还有人想到利用这一功能来基于 logo 做延展性创意设计，当然，游戏原画行业也非常需要这种"超能力"来生成游戏场景。

其实，在使用这一功能生成提示词和新图像的过程中，人类也在帮助 AI 进行反馈强化学习（Reinforcement Learning from Human Feedback，RLHF）。文生图和图生文的输入和反馈越多，AI 就能越好地进行 RLHF，AI 也能获得更强的生成能力。

第 5 章

天工人巧日争新：生成
你的数字人分身

网络上曾经流传这样一段视频：一个小伙用 AI 技术"复活"已故的奶奶，并且还和"奶奶"进行了视频通话。在科学技术手段的加持下，这位"奶奶"除了表情略微僵硬外，声音和语气都十分自然。有网友说自己都看哭了，没想到在元宇宙世界里，已经去世的奶奶能够拥有自己的数字人分身。

这个小伙是怎么做到的呢？他先用 Midjourney 绘制奶奶的图像，再使用奶奶生前的声音训练 TTS（Text To Speech，从文本到语音），然后将奶奶的音频输入 D-ID，把图片转换为奶奶说话的视频。这样就合成了一个和奶奶对话的视频，以此来纪念逝去的亲人。

除了这个案例之外，最近抖音、小红书上也出现了大量的 AI 主播，具体是怎么操作的呢？接下来我们逐步介绍如何生成数字人分身。

5.1 专注：Stable Diffusion，更专业的人物绘画 AI

第 4 章详细介绍了 Midjourney 的使用攻略。Midjourney 比较容易上手，涉及的艺术风格比较广泛，使用效果也非常惊艳。本节给大家介绍另一款常被拿来和 Midjourney 比较的优秀 AI 工具——Stable Diffusion（以下简称 SD）。2022 年 8 月，科技公司 Stability AI 宣布开源了其与慕尼黑大学共同研发的软件——Stable Diffusion。全球用户都可以在 GitHub 上免费下载该软件，并在个人计算机上轻松运行。与以往的 AI 绘画工具相比，Stable Diffusion 的最大亮点在于免费，且使用次数不受限制，对硬件要求也相对较低，高清图像仅需几秒即可生成。因此，自开源以来，它再次掀起了 AI 绘画的热潮。

SD 主要有以下优势。

（1）免费：SD 是一个开源、免费的绘画平台，只要你在本地部署了 SD 的代码，就可以长期免费使用 SD，而 Midjourney 会收费。

（2）更强的定制能力：通过 SD 的开源模型和插件，大家可以自己微调风格，对指定的局部进行修改和调整，可控性更强。

（3）丰富的人物模型：人物模型（尤其是女性的模型）较多，在人物绘制领域有更优秀的表现。

接下来，我们简单介绍一下本地化部署 SD 并生成 AI 主播的全过程。

5.1.1　进行硬件部署和运行工程源码

要顺利运行 stable-diffusion-webui 和 SD 模型，需要足够大的显示内存，显示内存的最低配置是 4GB，基本配置是 6GB，推荐配置是 12GB。当然，内存也不能太小，最好大于 16GB，而且越大越好。如果电脑不满足这些要求，那么运行 stable-diffusion-webui 时可能会出现卡顿、缓慢等问题。

目前，SD 的工程源码可以在 GitHub 官网上下载。由于这个开源项目更新得很快，会不定期地修复一些 bug 或加入一些新功能，所以建议时常访问一下官网，及时拉取最新代码。

进行硬件部署和运行工程源码的具体步骤如下。

（1）下载并安装 Git。打开 Git 官网，下载后按提示安装，选择默认的安装组件，即可安装成功 Git。

（2）配置 Python 环境。stable-diffusion-webui 主要是使用 Python 开发的，所以运行这个工程需要安装 Python 环境并配置好环境变量，推荐安装 Python 3.10.6 版本。另外，建议使用 Anaconda 管理多个 Python 环境。

（3）配置 CUDA 环境。stable-diffusion-webui 运行一般使用 GPU 算力，也就是说需要用到英伟达（NVIDIA）显卡（配置越高，绘图越快）。这里我们需要安装 CUDA（NVIDIA 推出的运算平台）驱动。先确定一下你的计算机能安装哪些版本的 CUDA 驱动。在桌面右下角右键单击 NVIDIA 设置图标，进入 NVIDIA 控制面板，如图 5-1 所示。

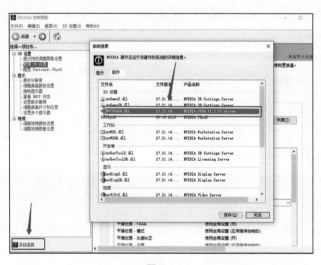

图 5-1

可以看到，这台计算机上的 CUDA 驱动是 NVIDIA CUDA 11.3.70 driver，所以安装的 CUDA 驱动的版本不能超过 11.3。

注意：高版本显卡是可以安装低版本的 CUDA 驱动的，比如经典的 10.2 版本，但是安装 11.3 版本，GPU 运行效率会更高，所以一般来说推荐安装显卡所能支持的最高版本。可以在 CUDA 官方网站找到对应的版本进行安装。

（4）安装完成之后，可以使用如下命令查看 CUDA 版本，来验证是否安装成功：nvcc --version。

如果你没有 NVIDIA 显卡，也可以通过运行参数 --use-cpu sd，让 SD 使用 CPU 算力运行，但是非常不建议你这么做，因为 CPU 算力跟 GPU 算力相比，简直是天差地别，GPU 在 10 秒内就能完成的任务，CPU 可能需要 10 分钟。另外，如果你的显卡内存不大，建议运行时搭配特定的参数，如显卡内存为 4GB，配置启动参数 --medvram；显卡内存为 2GB，配置启动参数 --lowvram。

Windows 用户可编辑 webui-user.bat 文件，修改第六行为：

```
set COMMANDLINE_ARGS=--lowvram --precision full --no-half --skip-torch-cuda-test
```

如果是 GTX 16 系列显卡，SD 生成的图像是黑色的话，也需要修改 webui-user.bat 文件的第六行，修改为：

```
set COMMANDLINE_ARGS=--lowvram --precision full --no-half
```

这一步完成之后，我们接下来进行第二步。

5.1.2　安装权重文件和 LoRa 模型文件

（1）下载 SD 运行必需的权重文件，文件大小约 4GB。可以在 Hugging Face 的官方网站下载后，放入 models/Stable-diffusion 目录下。

（2）下载 LoRa 模型文件。LoRa 的全称是 Low-Rank Adaptation of Large Language Models，是 SD 模型的插件，它能在不修改 SD 模型的前提下，仅训练低秩矩阵（low rank matrics）。使用时，将 LoRa 模型的参数注入 SD 模型，即可利用少量数据训练出一种画风或人物，比直接训练 SD 模型更节约资源，而且快捷、方便。著名模型分享网站 Civitai 上有大量 SD 模型和 LoRa 模型，如图 5-2 所示，其中 SD 模型仅有大约 2000 个，剩下约 4 万个基本都是 LoRa 等小模型。您可以选择自己喜欢的画风 / 人物，下载其模型。

图 5-2

模型文件有两种格式，分别是 .ckpt（Model PickleTensor）和 .safetensors（Model SafeTensor），据说 .safetensors 格式的文件相对更安全。这两种格式 stable-diffusion-webui 均支持，下载任意一种格式的模型文件即可，下载好的文件放到 stable-diffusion-webui\models\Stable-diffusion 目录下。

放置好模型文件之后，需要重启 stable-diffusion-webui（运行 webui-user.bat）才能识别到它们。

（3）在配置好运行环境之后，运行工程下的 webui-user.bat 文件（如果是类 Unix 系统，则运行 webui-user.sh），如图 5-3 所示。首次启动时，程序会自动下载一些 Python 依赖库（具体会下载哪些库，参见工程下的 requirements.txt），以及项目可能用到的配置和模型文件（如 v1-5-pruned-emaonly.safetensors）。

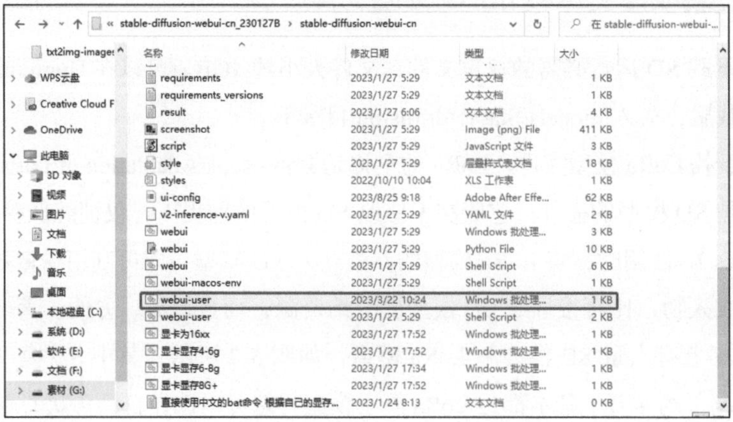

图 5-3

第二步完成之后，我们就可以用 SD 进行创作了。

5.1.3 绘制美丽小姐姐的提示词写作技巧

stable-diffusion-webui 的功能很多，主要有如下两个。

（1）文生图（text2img）：根据提示词的描述生成相应的图片。

（2）图生图（img2img）：根据提示词的描述，基于一张图片生成另一张新的图片。

本节，我们主要利用文生图来进行绘画。在此之前，我们有必要了解如表 5-1 所示的主要参数的含义。

表 5-1　Stable Diffusion 的主要参数

参数	说明
prompt	提示词（正向）
negative prompt	消极的提示词（反向）
width & height	要生成的图片的尺寸。尺寸越大，耗时越久
CFG scale	AI 符合提示词的程度。值越小，生成的图片越偏离你的描述，但越符合逻辑；值越大，生成的图片越符合你的描述，但可能不符合逻辑
sampling method	采样方法。采样方法有很多，但它们只是在采样算法上有差别，没有好坏之分，选适合的即可
sampling steps	采样步长。采样步长太小，采样的随机性会很高；采样步长太大，采样的效率会很低，拒绝概率高（可以理解为采样还没完成，采样的结果就被舍弃了）
seed	随机种子，可以理解为每个图画的唯一编码，当设置为 -1 时，图画随机生成；当遇见中意的图片时，复制下面的种子数值，填入随机种子框内，后续生成的图画一致性较高

接下来，我们来生成一张美丽小姐姐的图片，提示词如下。

prompt: <lora:chilloutmixss_xss10:1>,<lora:LORAJingyiJuChinese_jingyi10:0.2>, <lora:GirlDollLikeness_v10:0.2>,Chinese, 1 woman, 28yo, (((woman))), white hair, solo, realistic, bangs, best quality, photorealistic, sweet smile, masterpiece, 8k, high res, solo, frontal symmetry, extremely detailed face, (professional lighting, bokeh), (light particles, lens flare, glowing particles:0.6), (dynamic pose:1.2), soft lighting, full-face photo, front view, symmetrical, fashionable and trendy atmosphere, China, (white hair:1.4), flower, ((daytime)), ((looking at the viewer)), (looking at the camera), (portrait:0.6), gorgeous, standing, original face, ((short hair)), floating hair, graceful neck, lips, lipstick, skin blemish, seductive smile, modern, (bank uniform), white shirt, formal wear, bank entrance, bank account manager, teeth

（一位中国女性，28 岁，(((女性)))，白色头发，独自一人，写实风格，刘海，最佳质量，逼真的照片，甜美微笑，杰作，8K，高清，单独拍摄，正面对称图片，面部细节极其细致,（专业灯光，背景虚化),（光粒子，镜头光晕，发光粒子: 0.6),（动态: 1.2），柔光，全脸照片，正面视角，对称，时尚与潮流氛围，中国，（白发: 1.4），花朵，((白天))，((注视观众))，（注视相机），（肖像: 0.6），华丽，站立，素颜，((短发))，飘动的头发，优雅的颈部，嘴唇，口红，皮肤瑕疵，诱人的微笑，现代感，（银行制服），白衬衫，正式着装，银行入口，银行客户经理，露出牙齿）

negative prompt: (worst quality:2), (low quality:2), (normal quality:2), lowres, normal quality, ((monochrome)), ((grayscale)), skin spots, acnes, skin blemishes, bad anatomy, deep negative, (fat:1.2), bad hands, text, error, missing fingers, extra digit, fewer digits, cropped, worst quality, low quality, normal quality, jpeg artifacts, signature, watermark, username, blurry, bad feet, poorly drawn hands, poorly drawn face, mutation, deformed, extra limbs, extra arms, extra legs, malformed limbs, fused fingers, too many fingers, long neck, cross-eyed, mutated hands, polar lowres, bad body, bad proportions, gross proportions, text error, missing fingers, missing arms, missing legs, extra foot, extra navel, body wet, large head, bad fingers, bad finger

((最差质量: 2)，（低质量: 2)，（普通质量: 2)，低分辨率，普通质量，((单色))，((灰度))，皮肤斑点，痘痘，皮肤瑕疵，解剖错误，深度负面，（肥胖: 1.2），手部问题，文字错误，缺失手指，多余的数字，缺少数字，裁剪，最差质量，低质量，普通质量，JPEG 伪像，签名，水印，用户名，模糊，脚部问题，手部绘制不良，脸部绘制不良，突变，畸形，额外的肢体，多余的手臂，多余的腿，畸形肢体，手指融合，手指过多，颈部过长，眼睛斜视，手部变异，分辨率极低，身体问题，比例问题，不正常的比例，文字错误，缺失手指，缺失手臂，缺失腿部，多余的脚，多余的肚脐，身体湿润，头部过大，手指问题）

单击"生成 /Generate"按钮，效果如图 5-4 所示。

注意：提示词越长，AI 绘图结果就越精准。另外，目前使用中文提示词效果不好，最好使用英文提示词。

图 5-4

写提示词也是使用 SD 绘画必须掌握的重中之重。我们整理了一些重要的提示词写作技巧，如下所示。

技巧 1：提示词的通用结构是"正向描述＋反向描述"。其中，正向描述指的是你希望得到的效果，例如 masterpiece（杰作）、best quality（最佳质量）等；反向描述指的是你不希望出现的效果，例如 bad hands(手部问题)、text error(文本错误)等。

技巧 2：提示词中越靠前的项，权重越大。比如，描绘景色的项在前，人物在画面中的占比就较小，反之亦然。

技巧 3：要生成的图像越大，需要的提示词越多。

技巧 4：使用英文括号将特定的项括起来，可增加括号内项在画面中的权重（权重是原来的 1.1 倍）；使用大括号将特定的项括起来，括号内项的权重将是原来的 1.05 倍。

技巧 5："+"和"AND"都是用于连接短项，但 AND 两端要加空格。

技巧 6：可以采用三段式表达，第一段描述画质要求、风格要求；第二段描述画面主体（人、事、物、景等画面核心内容），指出需要强调的内容，概括主体细节；第三段描述画面场景或人物的细节。

技巧 7：可以采用"画质要求→风格要求→镜头效果→光照效果→（带描述的人或物 AND 人或物的次要描述 AND 镜头效果和光照）×系数→全局光照效果→全局镜头效果→画风滤镜"。

另外，SD 中不同模型对提示词的敏感程度也不同。每个模型都有自己的特色，我们需要慢慢调试提示词的组合方式，逐步实现随心所欲地控制画作质量。

5.2 激活：D-ID 让照片里的人物"活"过来

5.2.1 登录 D-ID

进入 D-ID 官网，单击右上角的"Login"，如图 5-5 所示。

图 5-5

5.2.2 借助 AI，听听照片里的人物怎么说

（1）登录完成后，进入创作页面，单击"Create Video"（创建视频），如图 5-6 所示。

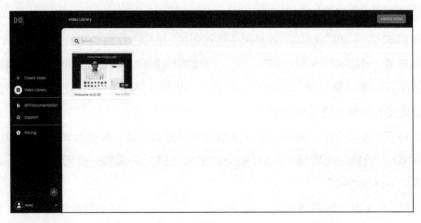

图 5-6

（2）单击"New creative video"（新创意视频），输入项目名称，如图 5-7 所示。然后单击"Choose a presenter"（选择演讲者）下面的"ADD"（添加），进入图片上传界面。

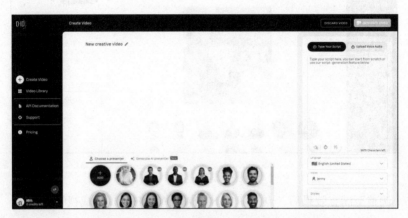

图 5-7

（3）选择我们在 5.1.3 节中生成的图片，上传该图片，如图 5-8 所示。

图 5-8

（4）在"Type Your Script"（写下你的脚本）下面的文本框内输入需要数字人讲解的文字。在"Language"（语言）下拉菜单中选择讲解所用的语言，在"Voices"（声音）下拉菜单中选择人声，在"Styles"（风格）下拉菜单中选择声音的风格。点击喇叭图标进行试听。如图 5-9 所示。

图 5-9

（5）调整至满意效果后，点击"GENERATE VIDEO"（生成视频）按钮，在弹出的界面中单击"GENERATE"（生成），如图 5-10 所示。

图 5-10

（6）生成完成后，在"Video Library"（视频库）中找到生成的短视频，单击播放按钮观看。单击"DOWNLOAD"（下载）把短视频下载到计算机。

下面是 D-ID 的一些使用建议，能帮助你更好地使用这个在线工具。

（1）选择清晰的照片。为了获得更好的效果，请确保上传的照片清晰，人物面部细节可辨。避免使用光线暗淡、模糊或分辨率低的照片。

（2）尝试不同的声音和风格。D-ID 提供多种声音和风格供用户选择，你可以多多尝试，以找到最能满足你需求的声音。

（3）调整语速。可以通过改变人物说话的速度，让视频更符合你的期望。

（4）发挥独特创意。将 D-ID 与其他 AI 工具（如 ChatGPT 和 Midjourney）结合起来使用，发挥你的创意，制作出个性化的视频。

总而言之，D-ID 是一个极为方便的免费在线合成拟真人影片的平台。它能通过 AI 技术快速将一张普通的照片转化为逼真的人物讲话的视频。D-ID 支持免费输出 4 个视频，超出后需付费才能解锁并去除水印。你可以先试用，如果觉得实用且使用需求大，再考虑付费升级。

5.3 飞升：MetaHuman 三步构建数字人模型，带领我们走向元宇宙

更高阶的"神器"，是最近由埃佩克游戏（Epic Games）旗下的虚幻引擎团队发布的全新工具 MetaHuman Creator（以下简称 MetaHuman）。它可以在最短时间内，以最简单的方式"捏"出逼真的数字人，让你的数字分身不再只是一张图片，而是一个真正可驱动的数字人模型！在这个工具推出之前，制作数字人是一个极其艰巨的任务，需要大量昂贵的扫描设备，依赖复杂的技术算法，制作周期往往长达数十天。而 Metahuman 出现后，整个制作周期被缩短到不到一个小时，制作效果却可以细腻到难辨真伪。

如何三步构建你的 MetaHuman 数字人模型呢？

第一步，为自己拍摄一张 AR 全景照片。你可以用支持 AR 拍照建模的 App 来拍摄。

第二步，将该照片上传到 MetaHuman，即可获得初始模型，接着微调面部特征，选择体型、发型、服饰等细节特征，甚至可以调节皮肤的纹理、皱纹的外观，为自己设计妆容，包括粉底、眼影和口红。平台贴心地为用户提供了 30 种发型（可以使用虚拟引擎基于发束的毛发，也可使用适合一般平台的发片）、18 种体型和不同风格的丰富服装，供我们选择。

第三步，如果这个数字人模型已经能够满足你的需求，你可以通过 MetaHuman 的插件 Quixel Bridge 下载模型。制作完成的数字人模型具备完整的 LOD（Levels of Detail，多细节层次）和齐全的骨架，可直接用于在虚幻引擎或者 Maya（三维动画软件）中生成动画，支持动作捕捉和驱动。

第 6 章

AIGC 带来职场新范式，让 AI 帮你
干活，你可以做更多有价值的事

6.1 AI 辅助设计：基于 AI 生成图像和 PPT 的创意设计

在职场中，无论是管理者还是员工，谈到 PPT，多少有些苦不堪言。我们的工作中处处充斥着 PPT 的影子：月度汇报、季度汇报、项目方案、年中述职和年终汇报等。这要求我们首先有整体思路和文案，然后花时间收集数据，接下来还得绞尽脑汁排版。

本节将要介绍的 Gamma，是一个用于生成 PPT 的 AIGC 工具，它可以根据用户提供的文本和图片自动制作出具有较强专业性的 PPT。而且，该工具支持多种主题和模板的选择，允许用户进行微调，用户可以根据自己的需求进行定制，更自由地掌控设计过程。同时，你还可以在 Gamma 中选择自己需要的图片类型、风格、色彩和排版方式，提升你 PPT 的设计感。除了创意设计和视觉营销，Gamma 也适用于文章、新闻、广告等领域的文本生成和扩展，为用户提供更加全面的内容创作工具。有了 Gamma，你就可以用喝杯咖啡的时间快速生成具有创意和视觉吸引力的 PPT。

让我们一起来看看如何使用这一强大工具。

首先，访问 Gamma 网站，单击 "Sign up for free"（免费注册）按钮完成注册，如图 6-1 所示。注册 Gamma 账号很方便，只需要提供电子邮箱，收到验证链接后，单击链接就能进入创建工作台的界面了，如图 6-2 所示。

图 6-1

单击 "Continue"（继续）按钮，会出现如图 6-3 所示的界面，询问你是想新建演示文稿（Presentation）、文档（Document），还是网页（Webpage）。选择第一项——演示文稿。

图 6-2

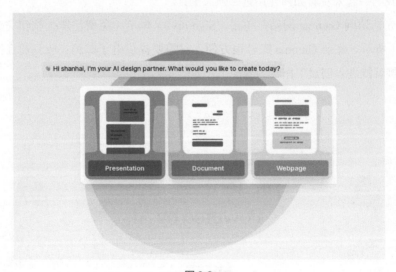

图 6-3

接下来，系统会让你输入演示文稿的主题，这里我们输入"如何用 ChatGPT 辅助抖音运营"，如图 6-4 所示。根据输入的主题，Gamma AI 会自动生成大纲，如果你对该大纲不满意，可单击"Try again"（再次尝试）按钮再生成一次，也可以手动输入大纲。确定大纲之后，单击"Continue"（继续）按钮。

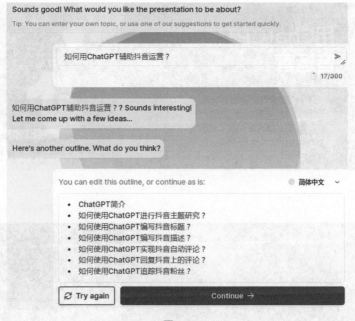

图 6-4

选择主题风格。在右侧栏中选定一个主题风格后，单击"Continue"按钮，如图 6-5 所示。

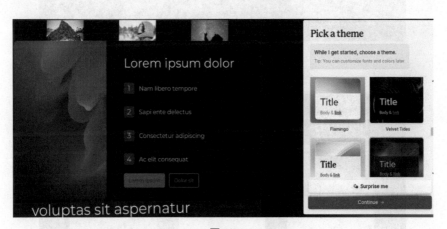

图 6-5

接下来，把剩下的工作交给 Gamma AI。且看，只需 10 秒，PPT 的设计就完成了！它的速度和质量令人惊叹。图 6-6 ～图 6-13 就是 Gamma AI 生成的 PPT 页面效果。

图 6-6

图 6-7

图 6-8

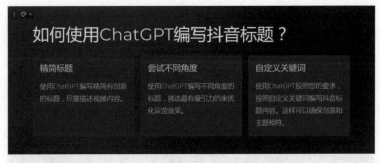

图 6-9

图 6-10

图 6-11

图 6-12

图 6-13

AI 自动生成的目录如图 6-14 左侧所示。

图 6-14

也可手动调整图片排列方式，如图 6-15 所示。

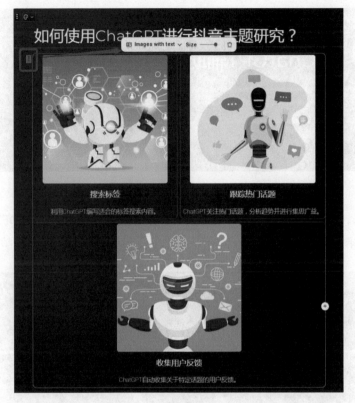

图 6-15

单击页面左上角的版式图标，选择想要的版式，即可一键完成版式调整，Gamma AI 会根据幻灯片的实际空间调整文字的位置、图片的大小及排列方式。图 6-16 显示的是左图右文版式的效果。

图 6-16

以图片为背景的版式，效果如图 6-17 所示。

图 6-17

接下来，单击右侧的"…"按钮，在弹出的菜单中选择"Export PDF"命令，导出文档，如图 6-18 所示。

图 6-18

打开注册账号时使用的邮箱，我们会看到 Gamma 平台给我们发来的 PDF 文档。AI 辅助 PPT 设计的工作到此结束，"神速"又美观。

当我们需要设计和制作演示文稿时，Gamma 就是我们高效的小助手。它生成的大纲、封面和版式能为我们提供思路，我们只需要在此基础上进行个性化微调即可，这可以为我们节省大量时间。如果你想跟上 AI 的浪潮，那就赶紧行动起来吧！

6.2 AI 生成思维导图，一分钟完成原先需要一个月才能完成的任务

Markmap 是一个能将 Markdown（一种轻量级标记语言）文档可视化为思维导图的技术。它允许用户通过编写简洁、结构化的 Markdown 文本，轻松创建出有层次感

的思维导图。AI 辅助 Markmap 生成思维导图可以显著提高工作效率，在一分钟内完成原先一个月才能完成的任务。

ChatGPT 与 Markmap 结合的优势主要体现在：自动梳理关键信息（AI 可以从大量文本中自动提取出关键概念和层次结构，生成 Markdown 格式的大纲，以便在 Markmap 中将文本可视化为思维导图）；实时生成和更新（用户可以实时输入和编辑内容，AI 能根据这些内容快速生成和更新思维导图）；深度整合和定制化（通过 API 或其他集成方式，可以将 ChatGPT 和 Markmap 深度整合到各类应用中，为用户提供个性化和定制化的思维导图生成服务）；多语言支持（ChatGPT 等 AI 工具可以理解和处理多种语言，帮助用户生成不同语言的思维导图）。

下面讲解用 ChatGPT 辅助 Markmap 生成思维导图的具体操作。

首先打开 ChatGPT，输入问题：请帮我写一个关于 ChatGPT 发展历程、原理、技术架构详解和产业未来的大纲，以备我演讲时使用。ChatGPT 生成的大纲如图 6-19 所示。

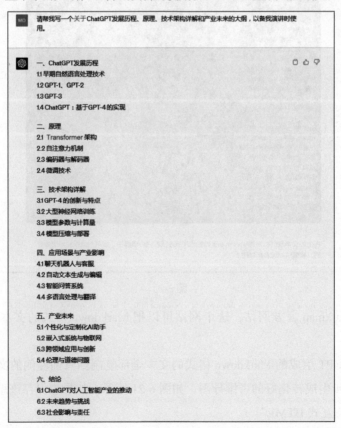

图 6-19

ChatGPT 并不能直接帮我们制作思维导图，想做思维导图，还需要使用 Markmap。因此，生成大纲后，我们要继续引导 ChatGPT，让它输出 Markdown 格式的文本，如图 6-20 所示。

图 6-20

打开 Markmap 官方网站，这个网站可以把 Markdown 格式的文本转化成思维导图。

将 ChatGPT 生成的 Markdown 格式的文本全部复制到页面左侧的文本框里，页面右侧将同步生成转化好的思维导图，如图 6-21 所示。如果想保存该思维导图，单击"下载为交互式 HTML"。

打开下载的文件，无论放大还是缩小，内容都很清晰，如图 6-22 所示。

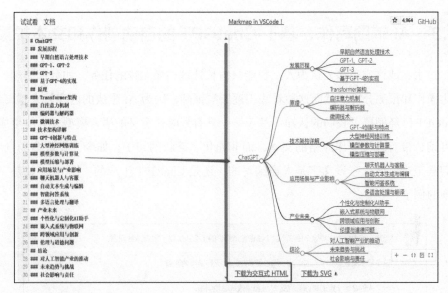

图 6-21

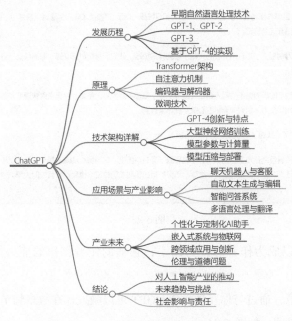

图 6-22

　　Markmap 可以将带有嵌套关系的列表可视化为思维导图，便于理解和展示。用户可以使用标准的 Markdown 语法编写文档，然后通过 Markmap 库或在线工具将其转换为思维导图。以这一方式获得的思维导图具有可交互性，可以缩放和折叠 / 展开节点。

6.3 AI 辅助写作：基于 ChatGPT 的自动创作和文本扩展

过去，或许有很多人认为人工智能只擅长处理枯燥无味的任务，如数据整理、自动化操作和预测分析。然而这种看法正逐渐被推翻，因为 AI 生成的内容越来越出色。ChatGPT 已经颠覆了我们的认知，基于一个具有划时代意义的语言模型，它能生成高度可读、带有人类写作风格的文本，而非僵化、乏味的句子。如今，在许多场景下，人们甚至难以区分一段文字是人类编写的，还是 ChatGPT 生成的。图 6-23 就是一个典型的例子。

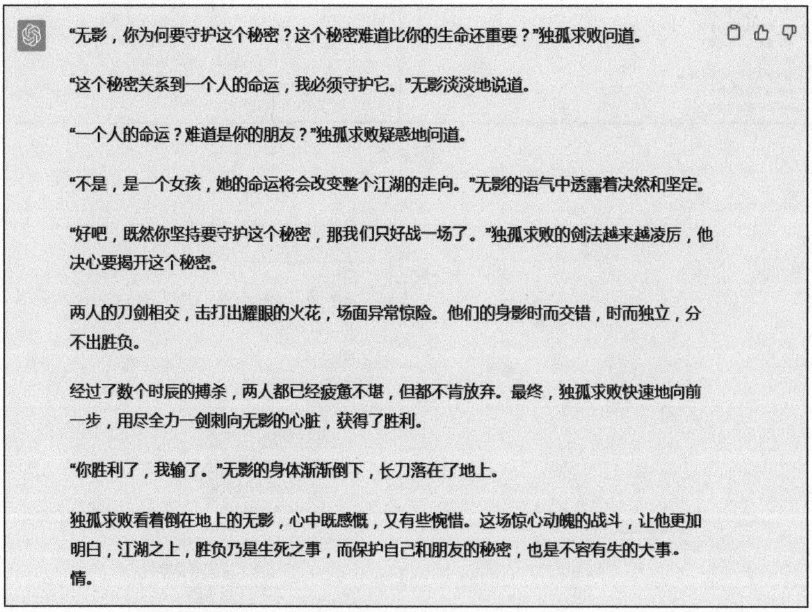

"无影，你为何要守护这个秘密？这个秘密难道比你的生命还重要？"独孤求败问道。

"这个秘密关系到一个人的命运，我必须守护它。"无影淡淡地说道。

"一个人的命运？难道是你的朋友？"独孤求败疑惑地问道。

"不是，是一个女孩，她的命运将会改变整个江湖的走向。"无影的语气中透露着决然和坚定。

"好吧，既然你坚持要守护这个秘密，那我们只好战一场了。"独孤求败的剑法越来越凌厉，他决心要揭开这个秘密。

两人的刀剑相交，击打出耀眼的火花，场面异常惊险。他们的身影时而交错，时而独立，分不出胜负。

经过了数个时辰的搏杀，两人都已经疲惫不堪，但都不肯放弃。最终，独孤求败快速地向前一步，用尽全力一剑刺向无影的心脏，获得了胜利。

"你胜利了，我输了。"无影的身体渐渐倒下，长刀落在了地上。

独孤求败看着倒在地上的无影，心中既感慨，又有些惋惜。这场惊心动魄的战斗，让他更加明白，江湖之上，胜负乃是生死之事，而保护自己和朋友的秘密，也是不容有失的大事。
情。

图 6-23

ChatGPT 可以成为作者的得力助手，它辅助作者创作的能力体现在以下几个方面。

（1）提供创意：通过与你互动，ChatGPT 可以激发你在故事情节、人物设定和世界构建等方面的灵感，如图 6-24 所示。

（2）修正语法和用词上的错误：ChatGPT 能修改你的文本，确保其语法和用词正确，提高作品质量，示例如图 6-25 所示。

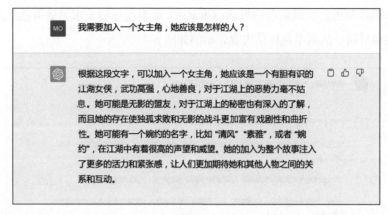

图 6-24

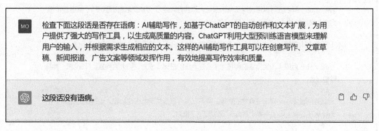

图 6-25

（3）提供背景资料：创作特定题材的小说时，ChatGPT 可以提供与该题材有关的历史、科技、文化等方面的详细背景资料，示例如图 6-26 所示。

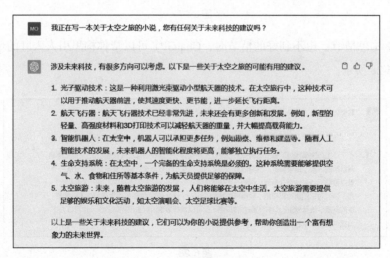

图 6-26

（4）创建角色，生成角色的对话：ChatGPT 能根据你的要求创建角色，并生成角色间的生动对话，从而丰富作品内容，示例如图 6-27 所示。

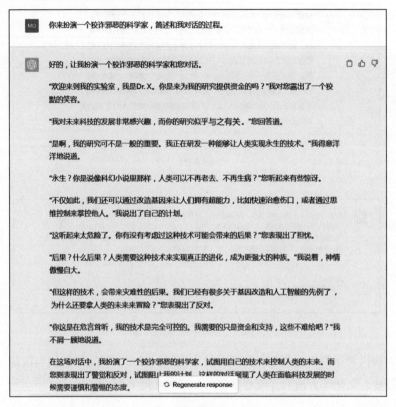

图 6-27

（5）构思情节：想不到好的情节时，ChatGPT 可以帮你构思引人入胜的情节，示例如图 6-28 所示。

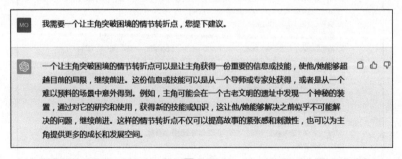

图 6-28

（6）进行写作指导：ChatGPT 可以根据文本内容，提供优化句子结构、描绘细节和调整节奏等方面的建议，示例如图 6-29 所示。

MO 润色以下这段文字：未来科技可能远远超出我们当前的技术和知识水平，但是利用科学幻想可以打破这些限制，激发想象力，为读者呈现一个真正独特的未来世界。

未来科技的进步可能会远远超出我们现有的技术和知识水平，但是通过科学幻想，我们可以突破这些限制，激发人们的想象力，并呈现出一个独特的未来世界。这个未来世界充满了未知和神秘，让人好奇又兴奋，同时也启示着我们对于科学的不断探索和发展。

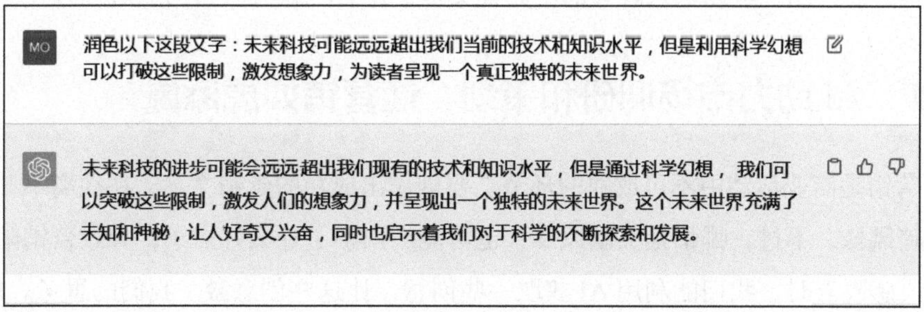

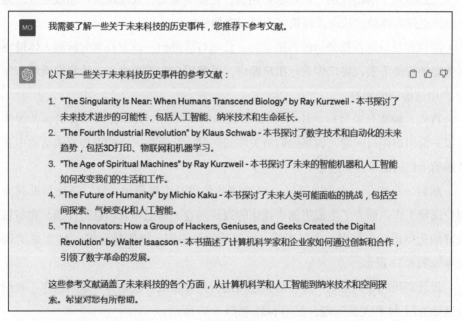

图 6-29

（7）推荐参考资料：ChatGPT 可为你推荐与作品相关的参考资料，帮助你更好地搭建故事的世界观，示例如图 6-30 所示。

MO 我需要了解一些关于未来科技的历史事件，您推荐下参考文献。

以下是一些关于未来科技历史事件的参考文献：

1. "The Singularity Is Near: When Humans Transcend Biology" by Ray Kurzweil - 本书探讨了未来技术进步的可能性，包括人工智能、纳米技术和生命延长。
2. "The Fourth Industrial Revolution" by Klaus Schwab - 本书探讨了数字技术和自动化的未来趋势，包括3D打印、物联网和机器学习。
3. "The Age of Spiritual Machines" by Ray Kurzweil - 本书探讨了未来的智能机器和人工智能如何改变我们的生活和工作。
4. "The Future of Humanity" by Michio Kaku - 本书探讨了未来人类可能面临的挑战，包括空间探索、气候变化和人工智能。
5. "The Innovators: How a Group of Hackers, Geniuses, and Geeks Created the Digital Revolution" by Walter Isaacson - 本书描述了计算机科学家和企业家如何通过创新和合作，引领了数字革命的发展。

这些参考文献涵盖了未来科技的各个方面，从计算机科学和人工智能到纳米技术和空间探索。希望对您有所帮助。

图 6-30

AI 辅助写作，如基于 ChatGPT 的自动创作和文本扩展，能够帮助用户生成高质量的内容。ChatGPT 利用大型预训练语言模型来理解用户输入的内容，并根据需求生成相应的文本。这样的 AI 辅助写作工具可以在创意写作、文章草稿、新闻报道、广告文案等领域发挥作用，有效地提高写作效率和质量。在自动创作方面，ChatGPT 可以根据用户提供的关键词、主题或写作需求，生成连贯、富有创意的内容。而在文本扩展方面，用户可以输入现有的不完整文本，让 AI 对其进行补充和扩展。

6.4　AI 助力市场调研和策划，让营销如虎添翼

营销是商业活动中不可或缺的环节。要创作出成功的营销文案，往往离不开团队的头脑风暴，不过，哪怕是头脑风暴，也可能产出不了什么好点子，导致营销陷入困境。灵感匮乏时，我们能利用 AI 获取一些创意，让这些创意激发我们的思考。那么，如何让 AI 为我们提供大量营销创意呢？接下来，我们将一起探讨这一点，以将营销策划推向新的高峰。

1. 让 AI 设计用户调研问卷

通过深入了解潜在用户的需求和期望，企业能够更有效地定位产品或服务，为用户提供更好的体验，从而提高销售业绩和市场份额。

假设你是一家科技公司的营销总监。公司打算推出一款主打实时检测人体健康指标功能的智能手表，要求你进行用户调研，了解用户的需求水平。让我们看看如何让 AI 产出这份调研问卷。

首先，确立任务目标。让 AI 为即将推出的实时检测人体健康指标的新款智能手表拟一份用户调研问卷，收集他们最关注的问题，从而在未来的市场营销活动中更好地触动他们的需求和兴趣。

然后，写指令。这个案例里，AI 扮演的角色是市场营销专家，正在帮助我完成用户调研工作。而为了生成更加个性化的调研问卷，需把背景信息写详细，如将目标人群细化到运动爱好者、老年人等。场景写健康提醒、睡眠检测等。AI 生成的调研问卷如图 6-31 所示。

设计调研问卷只是第一步，后续还需进行问卷投放、收集等一系列操作。我们可以继续追问 AI 相关的问题，如图 6-32 和图 6-33 所示。

2. 让 AI 帮我们进行活动策划

要进行活动策划，必须明确任务目标。为了确保活动成功举办，我们应当设定明确且可量化的目标，如整场活动的总交易额（Gross Merchandise Volume，GMV）、新增用户数、用户复购率等。

MO 您现在是我的市场营销专家，我准备做一款智能手表，主打实时检测人体健康指标。目标人群是运动爱好者、老年人。场景是健康提醒、睡眠检测。能否帮我写一份用户调研问卷，收集用户最关注的问题，从而在未来的市场营销活动中更好地触动他们的需求和兴趣。

当然可以。以下是一份针对实时检测人体健康指标智能手表的用户调研问卷草稿。

问卷标题：实时检测人体健康指标的智能手表的用户调研问卷

亲爱的用户，

感谢您花时间参与我们的调研。您的意见对我们非常重要，将帮助我们更好地了解您的需求，以便在未来为您提供更符合您需求的产品和服务。

1. 您的年龄是？
   A. 18~24岁
   B. 25~34岁
   C. 35~44岁
   D. 45~54岁
   E. 55岁及以上
2. 您的性别是？
   A. 男
   B. 女
   C. 其他
3. 您目前是否拥有智能手表？
   A. 是
   B. 否
4. 如果您已经拥有智能手表，您最常使用哪些功能？
   A. 健康监测（如心率、血压等）
   B. 运动追踪（如跑步、游泳等）
   C. 睡眠监测
   D. 通知提醒（如短信、电话等）
   E. 其他（请说明：＿＿＿＿＿）

图 6-31

这些目标能够帮助我们更加清晰地了解活动的实际效果，从而调整并优化策划方案，以期提高用户满意度，实现业务增长和更高的投资回报率。在制定具体目标时，还需考虑活动的长期影响，例如用户口碑传播、品牌知名度提升等。通过全面分析活动目标，我们可以制定出更加切实可行的策划方案。下面，我们看看如何让 AI 帮我们进行活动策划。

首先，定义角色。要求 AI 担当我们的市场营销专家，专门负责帮我们设计活动策划方案。

MO 以上用户调研问卷在哪些渠道投放呢？您建议投放哪一个平台？

在选择调研问卷投放渠道时，您需要考虑目标受众的覆盖程度以及渠道的特点。以下是一些
建议的投放渠道。

1. 社交媒体平台：如微信、微博、QQ空间等，这些平台用户众多，能够覆盖各年龄层次的
   人群，且投放成本较低。
2. 问卷调查网站：如腾讯问卷、问卷星、SurveyMonkey等，这些网站专注于问卷调查，
   用户覆盖广泛，可对目标人群进行定向投放。
3. 垂直论坛和社群：运动和健康领域的专业论坛或社群，如Keep、悦跑圈等。这些渠道
   的用户与您的目标人群高度重合，更容易收集到相关的意见和建议。
4. 电子邮件营销：若您拥有现有用户的电子邮箱地址，可以通过邮件发送问卷调研邀请，以
   收集他们的反馈。
5. 线下调查：在运动场、健身房或社区中心等地方进行线下调查，直接与目标用户面对面
   沟通，了解他们的需求。

具体选择哪个渠道要结合您的实际情况来决定。如果您想要覆盖更广泛的用户群体，可以选
择社交媒体平台。如果想要针对特定的目标用户，可以选择垂直论坛和社群。您还可以根据
资源和预算，将问卷投放在多个渠道，以获得更多有效数据。

图 6-32

MO 以上用户调研问卷如何收集？

收集用户调研问卷的数据，需要在投放问卷之前设定好收集渠道和方法。以下是一些建议的
收集方式。

1. 问卷调查网站：如果您使用了腾讯问卷、问卷星、SurveyMonkey等网站，它们会自动收
   集并整理问卷数据，提供统计报告和分析结果。
2. 社交媒体平台：在微信、微博等社交媒体平台投放问卷时，可以设置一个收集问卷结果的
   在线表格或数据库，使用户填写的数据能自动记录到表格或数据库的指定位置。
3. 垂直论坛和社群：在这些平台投放问卷，可以要求用户在回复或私信中提供答案。然后，
   您可以将收到的数据整理到Excel表格或在线表格中进行分析。
4. 电子邮件营销：在邮件中附上调研问卷链接，用户点击后即可填写问卷。问卷数据会自动
   保存在问卷平台或您指定的数据库中。
5. 线下调查：在进行线下调查时，可使用纸质问卷或电子问卷（如使用平板电脑）。收集到
   的数据需整理到Excel表格或其他数据分析工具中进行分析。

在收集到足够的问卷数据后，您需要对数据进行整理和分析。这有助于您了解目标用户的
需求、兴趣和痛点，从而为未来的市场营销活动提供有力的依据。注意保护用户隐私，不
要泄露个人信息。

图 6-33

  然后，向 AI 提供活动背景信息。以智能玩具车为例，我们不仅要输入目前确定
的活动信息，还可以详细描述智能玩具车的特点，让 AI 提供更有针对性的策划方案。

比如，告诉 AI 智能玩具车的特点：孩子可以通过探究、学习和模仿各种交通工具，提升语言表达能力、动手能力、想象力和合作意识；该产品适合 3 ～ 8 岁儿童，在家中、户外、幼儿园等都可以使用；具有智能感知能力，能避开障碍物，还有智能跟随等功能；玩法多样，可以手动操控，也可以自动生成路线等。每年的 5 月 18 日，公司都会在主流电商平台和社交媒体平台做促销活动，以提升产品销量。

最后，为 AI 设定任务目标，如：请你用表格的形式，输出 6 份智能玩具车活动营销计划，活动不局限在线上或者线下，活动目的是提升智能玩具车的销量。

AI 的输出结果如图 6-34 所示。

> MO　您现在是一名资深市场营销专家，专门负责帮我们设计活动策划方案，不限制在线上或者线下，活动目的是提升智能玩具车的销量，我们生产的智能玩具车，能让孩子通过探究、学习和模仿各种交通工具，帮助孩子们提升语言表达能力、动手能力、想象力和合作意识；该产品适合 3~8 岁儿童市场，在家中、户外、幼儿园等都可以使用。产品多彩外观，可搭配不同交通工具造型；快速学习，具有智能感知能力，能避开障碍物，还有智能跟随等功能；玩法多样，可以手动操控，也可以自动生成路线等。每年的 5 月 18 日，公司都会在主流电商平台和社交媒体平台做促销活动，以提升产品销量。请用表格的形式输出 6 份营销计划。

以下是 6 份营销计划的概述。

序号	营销计划	简介	目标	渠道	时间节点
1	线上社交媒体推广	制作富有创意的视频和图文内容，展示智能玩具车的各种玩法	提升品牌知名度，吸引潜在用户	抖音、微博、小红书等	长期进行，持续更新
2	KOL合作营销	与家长和儿童领域的 KOL 合作，邀请他们体验并分享产品	利用 KOL 来推广产品、增加曝光	抖音、微博、B站等	与 KOL 的合作周期内
3	线下体验活动	在购物中心、幼儿园等场所举办线下体验活动，让孩子们亲身体验	通过产品试用，提高购买转化率	购物中心、幼儿园等	定期举办，如每季度一次
4	节假日促销活动	结合节假日如儿童节、暑期等促销，推出优惠活动	增加节假日期间销售额，吸引潜在用户购买	主流电商平台、自媒体	节日前后
5	家庭亲子活动赞助	赞助亲子活动，提供智能玩具车作为互动道具	提高产品曝光度，提高亲子家庭的产品认知度和购买意愿	亲子活动举办地点	与活动举办时间一致
6	5月18日促销活动	在每年的 5 月 18 日，推出限时折扣、满减优惠等活动	提升产品销量，吸引潜在用户购买	主流电商平台、自媒体	每年5月18日

图 6-34

以上是 AI 提供的策划方案，如果对某一个营销计划有兴趣，可就这个方案展开追问，让 AI 进一步细化内容，如图 6-35 所示。

你还可以再问 AI，执行这个方案需要注意哪些事项。还可以要求 AI 基于预算细化落地方案，如图 6-36 所示。

MO 第二个方案不错，请细化方案的内容。

方案二：KOL合作营销。

细化内容如下。

1. 确定合作目标：选择知名度高、影响力大、具有较好的亲子育儿类粉丝基础的意见领袖（KOL）作为合作对象，以确保合作效果。
2. KOL筛选：通过分析各个平台的KOL数据，评估他们的粉丝质量、互动率以及内容质量，最终选定合适的KOL。
3. 合作形式：与KOL签订合作协议，约定合作内容、推广形式、周期等相关事项。合作形式可以包括产品试用体验、推广文章、视频直播等。
4. 内容创作：与KOL共同讨论创意内容，确保产品特点和优势得到充分展示，同时保持KOL的个人风格，提高用户接受度。
5. 推广计划：与KOL商定推广计划，包括发布时间、频率、平台等。可以考虑在周末或节日等进行推广。
6. 互动活动：鼓励KOL与粉丝进行互动，如回答疑问、分享亲子玩耍经验等，提高用户黏性，提高购买转化率。
7. 跟进效果：持续关注KOL的推广效果。
8. 评估总结：合作结束后，对整个合作过程进行总结，分析优点和不足，为今后的KOL合作积累经验。

通过以上细化的KOL合作营销方案，可以更好地将智能玩具车推广给目标人群，提高品牌曝光度和产品销量。

图 6-35

MO 执行这个方案，需要注意哪些事项？请基于100万元的预算，帮我细化落地方案。

执行KOL合作营销方案时，需要注意以下事项。

1. 合作KOL的选择：确保所选KOL与品牌形象和产品定位相符，以便更好地传递品牌价值和产品特点。
2. 合同与协议：在与KOL合作前，明确双方权益和义务，签订合同以避免可能出现的纠纷。
3. 内容审查：在发布推广内容之前，进行内容审查，确保内容合规、符合品牌形象，避免负面舆论。
4. 预算分配：合理分配预算，确保各环节资源充足，以提高整体推广效果。

基于100万元预算的落地方案如下。

1. KOL预算分配：预计分配80%的预算，即800000元用于与KOL的合作费用。根据不同KOL的影响力和报价，确定合作KOL的数量和层级。
2. 平台投放：预计分配10%的预算，即100000元用于在主流社交平台上进行投放，如微博、抖音、小红书等，提高品牌曝光度。
3. 互动活动：预计分配5%的预算，即50000元用于举办线上互动活动，如抽奖、优惠券发放等，吸引用户关注和参与。
4. 数据监测与优化：预计分配5%的预算，即50000元用于数据监测和优化，购买数据监测工具，收集用户反馈，根据数据调整推广策略。

执行这一方案时，确保各环节紧密衔接，充分利用预算，提高智能玩具车的销量和品牌曝光度。

图 6-36

6.5 让 AI 辅助短视频创作，掌握了流量密码，再也不怕石沉大海

现如今，短视频逐渐崛起为内容营销的核心力量。许多企业都已认识到短视频的巨大价值，然而要打造出传播力强大的短视频内容却并非易事。这个过程包括选定主题、撰写脚本、拍摄、剪辑及优化等多个环节，不仅耗费时间，还对能力提出了挑战。一个爆款短视频很可能是多次失败尝试的结果，许多企业投入巨大却收效甚微。现在有了 AI 技术，我们是否能利用其强大能力，破解流量的密码，从而以极低的成本制作出大量高质量的短视频呢？

下面介绍如何利用 AI 快速制作短视频。

（1）确定短视频主题。在开始制作短视频之前，你需要确定一个主题方向，例如"小白学编程的技巧"，这是制作短视频的前提条件。

我们可以让 ChatGPT 输出一些短视频主题，供我们参考。为此，我们要告知 ChatGPT 短视频的主题方向，提供的方向越具体，ChatGPT 输出的主题就更明确，如图 6-37 所示。

图 6-37

可以看到，ChatGPT 不仅生成了视频主题，还提供了文案概要。

（2）确定短视频标题。以“职场小白如何高效学习编程”为主题，要求 ChatGPT 生成 5 个适合抖音短视频的标题，如图 6-38 所示。

MO 请您围绕“职场小白如何高效学习编程”这个主题，生成5个适合抖音短视频的标题。

以下是围绕“职场小白如何高效学习编程”这个主题，生成 的5个适合抖音短视频的标题。

1. 标题：编程小白成长记：5步教你快速入门编程！
   简介：分享5个简单易懂的步骤，帮助编程小白快速入门编程，找到学习的方向和方法。
2. 标题：编程学习不求人：掌握这三大方法，自学也能成为编程高手！
   简介：介绍三大独特的自学方法，帮助编程小白在编程学习中变得更加自信，更快地掌握编程技能。
3. 标题：提高编程学习效率的秘诀：3个实用技巧让你事半功倍！
   简介：分享3个实用的编程学习技巧，帮助编程小白在有限的时间内，提高学习效率，快速掌握编程知识。
4. 标题：抖音上最热门的编程学习资源：这些免费资源你“get”了吗？
   简介：推荐一些抖音上热门且免费的编程学习资源，帮助编程小白轻松找到适合自己的学习材料。
5. 标题：编程小白的实战项目：跟着这个教程，一周内打造你的第一个编程作品！
   简介：为编程小白提供一个简单的实战项目教程，帮助编程小白在一周内完成自己的第一个编程作品，提升实战能力。

这5个抖音短视频标题旨在吸引编程小白观看，帮助他们高效学习编程技能。同时，这些短视频可以相互补充，形成一个完整的学习体系。

图 6-38

让 ChatGPT 生成短视频标题，可以帮你节省大量时间和精力。从中选择一个你喜欢的标题，将其应用于后续的短视频创作。

（3）使用 ChatGPT 创作视频脚本。比如，我们选择“编程小白成长记：5 步教你快速入门编程！”这个标题。然后要求 ChatGPT：请用这个标题，帮我撰写一个时长约 2 分钟的爆款抖音短视频的分镜头脚本，并标注各分镜头的起止时间，要求脚本中包含真实案例，语言通俗易懂，如图 6-39 所示。

从图中可以看到，短视频脚本的镜头和文案都写得很清楚。如果不满意，可以反馈给 ChatGPT，让它重写。

（4）快速制作视频。ChatGPT 能快速生成视频脚本，但是从脚本到视频，还需要完成拍摄、剪辑等工作。下面分享一个快速制作短视频的方法：使用 ChatGPT 生成

MO 请以"编程小白成长记：5步教你快速入门编程！"为标题，帮我撰写一个时长约2分钟的爆款抖音短视频的分镜头脚本，并标注各分镜头的起止时间，要求脚本中包含真实案例，语言通俗易懂。

以下是以"编程小白成长记：5步教你快速入门编程！"为标题的约2分钟抖音短视频的分镜头脚本。

[00:00—00:03] 开场镜头
镜头：镜头拉近，主持人笑着挥手打招呼。
主持人：大家好，欢迎来到编程小白成长记，今天我们将分享5步快速入门编程！

[00:04—00:15] 第一步：选择合适的编程语言
镜头：切换至电脑屏幕，显示不同编程语言的Logo。
旁白：首先，选择一门适合自己的编程语言。例如，Python适合初学者，因为语法简洁，易于理解；JavaScript常用于网页开发；Java用于安卓开发等。

[00:16—00:30] 真实案例1
镜头：一个Python编程的案例视频。
旁白：比如Lucy，她刚开始学编程时选择了Python，因为她对数据分析感兴趣。经过几个月的学习，她成功用Python实现了一个股票数据分析项目。

[00:31—00:45] 第二步：学习基础概念
镜头：用手绘板展示基础概念。
旁白：学习编程，要从基础概念开始，如变量、数据类型、函数等。这些概念贯穿于各种编程语言，掌握它们有助于你更快地入门。

[00:46—00:58] 真实案例2
镜头：展示Tom在学习过程中做的笔记。
旁白：Tom在学习编程时，用笔记本记录了基础概念的要点，这让他在后期学习中能够迅速理解新知识点，提高学习效率。

[00:59—01:15] 第三步：利用在线资源
镜头：展示一些在线学习平台的界面。
旁白：现在网络上有很多免费的编程学习资源，如Codecademy、LeetCode等。善用这些资源，你可以在实战中快速提高编程技能。

图 6-39

[01:16—01:30] 真实案例3

镜头：展示Amy在Codecademy上学习的画面。

旁白：Amy就是一个典型的例子，她通过Codecademy学习了Web开发，并在短短3个月内完成了自己的个人网站项目。

[01:31-01:

MO　继续

45] 第四步：多做练习，动手实践

镜头：切换至一个在线练习题库的界面。

旁白：多做练习，动手实践是提高编程能力的关键。解决实际问题，会让你更快地掌握所学知识，并在遇到困难时更好地解决问题。

[01:46—02:00] 真实案例4

镜头：展示Jack参加编程马拉松比赛的画面。

旁白：Jack在学习编程的过程中，参加了很多编程马拉松比赛，通过与他人合作，他学会了如何将编程知识运用于实际项目中。

[02:01—02:14] 第五步：加入编程社区，交流学习心得

镜头：展示一个编程社区的界面。

旁白：加入编程社区，与他人交流学习心得，能帮你更好地理解知识点，遇到问题时也能去社区寻求帮助，提高学习效率。

[02:15—02:30] 结束语

镜头：主持人站在画面中央，鼓励观众学习编程。

主持人：好了，这就是我们今天分享的"编程小白成长记：5步教你快速入门编程"，希望对你有所启发。学好编程，未来的职场发展将更加顺利，加油！

这个分镜头脚本包含了真实案例，语言通俗易懂，希望能够吸引抖音观众并帮助他们快速入门编程。

图 6-39（续）

脚本，再用"剪映"软件的"图文成片"功能完成视频制作。但这种方法会将脚本中的所有文字都转化为视频中播放出来的台词，因此，我们可以删除视频脚本中的其他内容，只保留文案。下面我们以"提高编程学习效率的秘诀：3 个实用技巧让你事半功倍！"为标题，让 ChatGPT 帮我们生成脚本，如图 6-40 所示。

请以"提高编程学习效率的秘诀：3个实用技巧让你事半功倍！"为标题，帮我生成一个
2分钟短视频的脚本。

以下是以"提高编程学习效率的秘诀：3个实用技巧让你事半功倍！"为标题的2分钟短视频
的脚本。

(00:00—00:05) 开场
旁白：大家好，欢迎收看今天的视频。我们将分享3个实用技巧，帮助你提高编程学习效率，
让你事半功倍！

(00:06—00:40) 技巧1：掌握刻意练习法
旁白：第一个技巧是掌握刻意练习法。在学习编程时，你需要找到自己的弱点并针对性地进
行练习。例如，如果你在解决递归问题时遇到了困难，可以专门练习与递归相关的题目，直
到熟练掌握。

实例：展示一个编程初学者练习解决递归问题的画面。

(00:41—01:15) 技巧2：合理安排学习时间
旁白：第二个技巧是合理安排学习时间。编程学习需要长时间的专注，你可以将学习时间分
为若干个时段，每两个时段之间休息一下。同时，确保每天都有一定的学习时间，以保持学
习的连续性。

实例：展示一个编程学习者如何通过时间管理应用来合理规划学习时间，如使用番茄工作法
进行高效学习。

(01:16—01:50) 技巧3：多与他人交流
旁白：第三个技巧是多与他人交流。参与编程社区、学习小组的讨论，可以帮助你更好地
理解知识点，遇到问题时也能寻求他人的帮助。

实例：展示一个编程学习者如何在编程社区中与他人交流，解决问题和分享心得，从而提高
自己的编程水平。

(01:51—02:00) 结束

图 6-40

我们只需保留上图中旁白部分的文案，如图 6-41 所示。

MO　请保留旁白部分的内容。

以下是以"提高编程学习效率的秘诀：3个实用技巧让你事半功倍！"为标题的2分钟短视频的旁白文案。

旁白1（00:00—00:05）：
大家好，欢迎收看今天的视频。我们将分享3个实用技巧，帮助你提高编程学习效率，让你事半功倍！

旁白2（00:06—00:40）：
第一个技巧是掌握刻意练习法。在学习编程时，你需要找到自己的弱点并针对性地进行练习。例如，如果你在解决递归问题时遇到了困难，可以专门练习与递归相关的题目，直到熟练掌握。

旁白3（00:41—01:15）：
第二个技巧是合理安排学习时间。编程学习需要长时间的专注，你可以将学习时间分为若干个时段，每两个时段之间休息一下。同时，确保每天都有一定的学习时间，以保持学习的连续性。

旁白4（01:16—01:50）：
第三个技巧是多与他人交流。参与编程社区、学习小组的讨论，可以帮助你更好地理解知识点，遇到问题时也能寻求他人的帮助。

旁白5（01:51—02:00）：
好了，这就是我们今天分享的"提高编程学习效率的秘诀：3个实用技巧让你事半功倍！"的内容，希望这些建议能帮助你更高效地学习编程。祝你学习顺利，未来一片光明！

这个2分钟短视频的旁白文案包含了实用的技巧，旨在帮助观众提高编程学习效率，更快地掌握编程技能。

图 6-41

（5）利用"剪映"专业版处理短视频。

下载"剪映"专业版，打开软件后，单击"图文成片"，如图 6-42 所示。

将之前 ChatGPT 生成的视频脚本旁白部分的文字复制粘贴到"图文成片"界面的编辑区域，标题部分输入："提高编程学习效率的秘诀：3 个实用技巧让你事半功倍！"然后在左下角选择自己喜欢的朗读音色，最后点击右下角的"生成视频"按钮，如图 6-43 所示。

稍作等待，剪映就会生成短视频。图 6-44 中的播放器播放的正是用 ChatGPT 和剪映共同制作的短视频，生成这个短视频只花了两分钟时间。

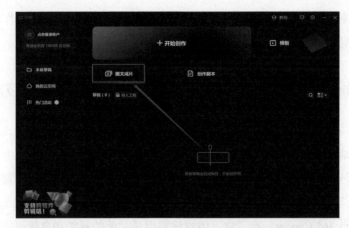

图 6-42

图 6-43

图 6-44

从这个案例中，我们可以看出，在 ChatGPT 的赋能下，短视频创作者可以节省大量时间和精力，专注于创意和表达，从而提高作品的质量和传播效果。

6.6 Microsoft 365 Copilot——用 AI 助手轻松驾驭办公软件

Copilot 是由 OpenAI 开发的一款代码生成工具，它基于 GPT 技术，旨在帮助开发者更高效地编写代码。Copilot 能够根据给定的上下文和提示，自动生成符合语法和语义的代码片段，包括函数、类、变量声明等。它通过学习海量的开源代码和编程语言知识，具备一定的代码理解和创作能力。微软把 GPT-4 全面接入 Office 软件，推出了 Microsoft 365 Copilot，有了它，用户只需用最常见的界面和自然语言，就能轻松掌握 AI 工具。以前要花上几个小时整理资料、写报告、做 PPT，现在只需要几分钟。

微软的首席执行官纳德拉（Nadella）表示，Copilot 的推出是一个重要的里程碑，标志着我们与计算机的互动方式发生了巨大的变革。AI 以其颠覆性的力量，给人们的网络搜索、社交媒体等线上活动带来了不一样的体验。从此，我们的工作方式将彻底改变，一轮全新的生产力革命迫在眉睫。而 Microsoft 365 Copilot 将 Word、Excel、PPT 等办公软件，Microsoft Graph 及 GPT-4 组合在一起，这些软件通力合作，GPT-4 则是它们共同的"地基"，扮演着重要的角色。

在 Word 中，你可以让 Copilot 写作和修改文章。只需简单的提示，Copilot 就能为你创建初稿，如图 6-45、图 6-46 所示。更妙的是，它能帮你准确把握文章的语气，并提出相关建议。无论是专业、热情还是随意的语气，随你挑选。此外，Copilot 还能优化你文章的内容，告诉你如何强化你的论证，或是消除前后说法不一致之处。

图 6-45

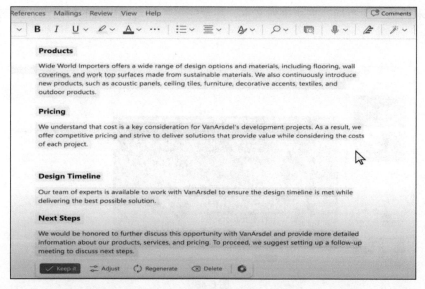

图 6-46

顺便提一下，在 Word 中，你也可以轻松调用其他软件，比如 OneNote。你还可以让 Copilot 根据 Word 文档中的内容创建 Excel 表格，自动完成数据分析，如图 6-47 所示。

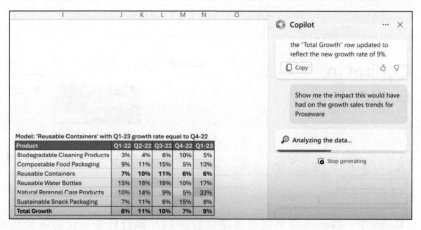

图 6-47

要制作 PPT，只须跟 Copilot 说说你的想法，它就能自动为你打造一份 PPT，页面设计绝不马虎。如果你已经有现成的素材，只需轻轻一点 Copilot，它就会据此自动为你生成一份精彩的 PPT。此外，你还能一键精简一份冗长的 PPT，利用自然语言命令来调整页面布局，重新排列文本，甚至完美控制动画出现的时间点，如图 6-48 所示。

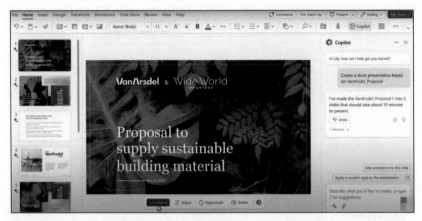

图 6-48

在 Outlook 里，你只需给邮件起个头，Copilot 就会自动为你填充余下的内容，并将你的文字润色一番。更棒的是，它还能自动汇总你的邮箱信息。你甚至可以指定它以何种语气写邮件，写多少字，如图 6-49 所示。

图 6-49

在 Teams 中，Copilot 能够实时总结项目进展并执行任务，让会议更高效，如图 6-50 所示。会议期间，它还会自动记录会议内容，确保你不会错过任何重要信息。就算你偶尔遗忘了某些事，Copilot 也会贴心地自动提醒你。无论是会议协作还是信息管理，Copilot 都是你的超级助手！

图 6-50

在 Power Platform 的世界里，Copilot 通过 Power Apps 和 Power Virtual Agents 这样的低代码工具，让编程"小白"也能瞬间变身"码农"，轻松开发各种应用。你将不再需要费尽心思写代码，Copilot 会让你的开发过程如丝般顺滑，如图 6-51 所示。

图 6-51

Business Chat 可谓一个汇集了各类数据的宝库，其数据包括来自 Word、PPT、电子邮件、日历、笔记和联系人的信息，甚至还有聊天记录。它能够帮助你对信息进行总结，撰写邮件和项目计划也轻而易举。无论是数据管理还是沟通协作，Business Chat 都能为你提供强大的支持，如图 6-52 所示。

Microsoft 365 Copilot 中还有一个神秘的存在——Microsoft Graph。从技术角度来看，Microsoft Graph 是一个 API，应用程序可以通过它来"观察"你的电子邮件、日历、文件、使用模式及存储在微软云中的其他信息。对于 AIGC 工具来说，这些背景信息非常宝贵。换句话说，当 Copilot 给你提建议时，它其实早已了解你文件和电子邮件的内容、你的会议时间表、你的总结等。Copilot 凭借这些信息为你提供准确而有价值的帮助。

图 6-52

基于这一点，Copilot 不愧为一个优秀的智能个人数字助理，以及一个极其实用的内容生成工具。举例来说，Copilot 可以发现 Excel 表格的数据中的趋势，根据过往信息生成电子邮件，还能根据你过去处理过的其他文件来设计 PPT。如果你想要让 Copilot 基于计算机里的资料帮你写一篇文章，它会将这个命令传递给 Microsoft Graph，后者检索所有资料并生成提示词，自动发送到 GPT-4 上进行处理。生成的结果会再次传回 Microsoft Graph，进行额外的合规性检查，最终结果和命令将被发送回 Word。整个过程行云流水，让你在工作中事半功倍！

目前，全球有超过 100 万家公司使用 Microsoft 365。在 OpenAI 开发 ChatGPT 和 GPT-4 时，微软已经投入了数亿美元，在 Azure 云平台中打造了一台超级计算机。如今看来，这台超级计算机的目标绝不仅仅是成为一款 AI 聊天工具，而是打造一个办公软件帝国，其开发着实是一场引人瞩目的技术壮举！

人类天生就爱梦想、创造、创新。但今天，繁重的重复性工作消耗了我们太多的时间、精力和创造力。为了重新触及我们工作的灵魂，我们不仅需要用更好的方式来做同样的事情，可能更需要一种全新的工作模式。通过 Copilot，你的语言将变成强大的生产工具。

第 7 章

AIGC 赋能行业，产生无数新机会

7.1 AIGC 在电商行业的创新场景——"人、货、场"全面升级催生新业态、新范式

上一阶段我们经历了 PC 互联网到移动互联网的演进,现如今,互联网领域正迈入探索 AIGC 新业态的时期。电子商务(电商)建立在互联网基础设施之上,也顺势演化、迭代:传统电商模式的代表是 PC 端电商平台,包括重搜索、重商家、重品牌的淘宝和重物流、重正品的京东;移动端电商发展起来后,涌现出以拼多多为代表,主打社交电商 / 社区团购的新电商模式,以及以抖音、快手为代表的直播电商、内容流模式等。在这个过程中,程序化自动生成、多尺寸自动适配等技术的演变,始终与电商行业的发展需求紧密结合。现象级产品(以 ChatGPT 和 Midjourney 为代表的 AIGC 工具)的不断涌现,则不断突破语言理解、文本生成、多轮对话、逻辑推理、图片和视频自动生成等领域的局限,为各项事业的开展打开了想象空间,引领人们走向与以往截然不同的全新的工作方式,如图 7-1 所示。这势必重塑电商行业的方方面面,带来长期、深远的影响。

图 7-1

AIGC 为电商企业提供了一系列革命性的工具和策略,如图 7-2 所示。

1. 加速低成本开店过程

AIGC 为低成本搭建虚拟商店提供了支持。一家叫"卢咪微 LumiWink"的淘宝店,在极短时间内完成了开店,投入的人力资源极少,但销量还不错。这家小店涉及的文案主要由 ChatGPT 生成,图片则由 Midjourney 生成。与这类小而美的网店不同,虚拟货场更追求大而全,用户足不出户,就能沉浸体验在大商场购物的感觉。例如,专注于创建虚拟购物平台的公司 Obsess,提供定制化的解决方案,帮助品牌和零售商构建沉浸式的虚拟购物空间。通过虚拟现实(VR)和增强现实(AR)技术,Obsess 公司可以为消费者提供逼真的虚拟购物环境,使其能更好地体验产品、感受品

图 7-2

牌氛围，并做出更明智的购买决策。与 Obsess 公司合作的品牌方可以利用其技术在虚拟购物平台上创建一家虚拟的品牌旗舰店，消费者可以通过 VR 头盔或智能手机应用程序进入这家店，并在其中浏览产品、试用产品、查看产品细节等。通过与 Obsess 公司合作，品牌方可以使用户获得与在实体店类似的购物体验，促进品牌形象的塑造和产品销售的增长。同时，虚拟购物是一种便捷、高度个性化、娱乐性很强的购物方式，有助于提升消费者的满意度。

如果没有应用 VR 技术，那么这些虚拟商店可能类似于微信小程序或短视频平台上的企业号，但在 VR 技术的加持下，消费者对它们的感受会立体起来，这对品牌塑造、用户心智培养、用户长期记忆、用户体验拓展等有较大帮助。

2. 营销创新

AIGC 能助力文案和图片创作，在广告营销方面降本增效显著。凭借多模态技术，AIGC 在营销领域展现出了强大的能力。AIGC 可以根据文本指令生成文案和图片，实现内容的批量生产，从而高效创作和分发不同的内容，满足内容爆炸时代用户对内容的需求。

AIGC 还能实现广告素材和投放效果的自我优化。Meta 公司开发的 "Advantage+" 是一款基于人工智能和机器学习的创意工具，旨在帮助用户快速完成广告、营销等领域的创意和设计工作。Advantage+ 能够利用先进的算法和模型，理解用户输入的需求，并生成相关的创意方案和设计建议。无论要生成广告文案、平面设计、标志设计，还是社交媒体上的内容，Advantage+ 都能够提供多样的选择。例如，用户可以输入一些有关品牌理念或产品描述的关键词，Advantage+ 会对其进行分析，并根据市场趋势、用户偏好和行业标准生成相关的广告创意。它可以提供多个选项，文案、图像和设计风格各不相同，以满足用户的需求和偏好。Advantage+ 还可以根据用户的反馈和喜好，对生成的创意进行智能调整和优化，进一步提升其质量和吸引力。用户可以通过交互式界面与 Advantage+ 互动，指定优先级，调整细节，并实时预览和修改生成的创意。

在跨境电商平台如亚马逊上，不少卖家已经能熟练运用 ChatGPT 进行基础的运营，小红书、抖音等平台上也出现了使用 ChatGPT 和 Midjourney 展开跨境电商运营的经验帖。他们利用 ChatGPT 进行翻译、撰写产品文案、输出品牌故事、挖掘产品卖点、展开数据分析等，使用 Midjourney 生成产品图片。这样一来，原本需要 10 个人一整天才能完成的工作，AI 可能只需要一个小时就能完成，大大降低了电商内容营销的成本。AI 的应用为电商行业带来了革新，提高了运营效率，同时也给商家带来了更多的便利与机会。

3. 沉浸式购物体验

利用 AIGC 工具生成产品的 3D 效果图，能够优化消费者的购物体验，提高成交率和转化率，并能明显降低商品退换货率。在 AIGC 的赋能下，构建 3D 效果图的难度和成本大幅降低，使产品广泛应用 3D 效果来展示成为可能。下面简单介绍几个比较典型的案例。

• "店匠 Shoplazza"（以下简称"店匠"）是一个综合性电商平台，帮助商家搭建和管理他们的网上商店，并提供一系列工具和功能来促进销售、增加业务收益。除了基础的电商功能，店匠还积极探索新的技术和应用，推出了一个名为"Coohom 3D & AR 查看器"的工具，基于 3D 和 AR 技术展示产品。若商家使用这个工具展示展品，消费者即可沉浸式浏览和体验产品，更好地了解其外观、尺寸和功能。例如，一个家具品牌可以使用这个工具展示家具各个角度的细节，消费者可以通过 AR 技术在自己的家中查看家具的摆放效果，提前体验产品的使用效果。

• 北美设计师网站 Collov 正在采用先进的技术手段，将 AIGC 与 3D 构建技术相结合，为设计师提供全新的创作平台和工具。AIGC 的强大生成能力可以为设计师提供创意灵感，帮助他们快速生成设计方案和原型。而 3D 构建技术则使设计师能以 3D 形式呈现他们的设计作品，让用户和合作伙伴更直观地体验作品。通过 Collov 平台，设计师可以利用 AIGC 工具生成丰富多样的设计元素，如图像、图标、文字等。然后，他们可以用 3D 构建技术将这些元素转化为精美而生动的 3D 作品。这些作品可用于建筑设计、产品设计、虚拟现实等领域。由此，Collov 将设计的可视化和交互性推向一个全新的水平。例如，一个建筑设计师可以使用 AIGC 生成工具快速生成多个建筑概念，并将其导入 3D 构建模块，更加直观地展现建筑的外观、结构和空间布局，并以此为基础与用户和团队进行更深入的讨论和合作。通过 AIGC 与 3D 构建技术的结合，Collov 为设计师提供了创新的创作方式，帮助他们更高效、更灵活地实现创意，为设计师开启了创作的更多可能性，同时提升了设计作品的质量和视觉效果。

• AIGC 还推动了虚拟试穿功能的发展，从而降低了产品的退换率。虚拟试穿功能降低了消费者的试错成本，能帮他们做出更准确的购买决策，从而降低商品退换率，推动销售增长。沉浸式购物和 AR 解决方案提供商 Wannaby 公司专注于开发 AR 试衣和 AR 鞋店应用，为消费者提供逼真的虚拟购物体验。Wannaby 公司的核心产品是 "AR Try-On"（AR 试衣）应用，该应用利用 AR 技术来实现虚拟试穿功能。用户通过手机应用程序选择喜欢的衣物，然后使用相机将其投影到自己身上。这样，用户就能实时查看自己穿上这些衣物的效果，包括颜色、质地、合适程度。这种体验使消费者能够更准确地评估产品的外观和合适程度，做出购买决策。此外，Wannaby 公司还开发了 "AR Shoe Store"（AR 鞋店）应用，用户可以通过 AR 技术在现实环境中 "创建" 虚拟鞋店，在家中或任何其他地方使用手机应用程序查看不同款式的鞋子，然后将其放置在自己的脚上，仿佛在真实的鞋店试穿一样。这种购物方式十分便捷，也更个性化，同时增加了用户与品牌和产品之间的互动，不仅消费者试穿体验好，而且能减少尺寸不合适或上身效果差导致的退货情况。

4. 虚拟主播

在 AIGC 的推动下，虚拟主播电商直播已经成功占据直播带货市场的大片江山，成为一种热门的电商销售模式。虚拟主播拥有逼真的外观、表情和声音，可以在直播中进行产品展示、演讲和互动，吸引消费者的注意力并促使其购买产品。例如，一个

时尚品牌创建了一个虚拟主播，在直播中展示了最新的时尚单品。虚拟主播可利用
AIGC 生成的文案，流畅地介绍产品特点、搭配建议和购买链接。此外，虚拟主播还
能回应观众的评论，提升互动率。虚拟主播电商直播为该品牌吸引了大量用户，并成
功促成了产品的销售。

虚拟主播作为一种新兴的电商销售模式，具有许多优势，在市场上获得了广泛的
认可。

• 持续在线：虚拟主播可以 24×7 在线，不受时间和地域限制。它们可以根据消
费者的需求随时进行直播，展示和推荐产品，提升消费者的购物体验。

• 可定制：虚拟主播的外貌、声音、性格等都可以根据品牌的需求进行定制。品
牌可以根据目标受众和产品风格，设计出符合品牌形象的虚拟主播，增强品牌的独特
性和辨识度。

• 能克服语言和文化限制：虚拟主播不受语言和文化的限制，可以以多种语言和
风格与全球观众进行互动。这为跨国品牌的国际市场拓展提供了便利，能覆盖更多
受众。

• 节约成本：相比传统的人类主播，品牌方不需要向虚拟主播支付薪酬、提供保
险和福利，也不需要安排休假和工作时间。这大大降低了品牌的运营成本，对中小企
业来说尤其经济实惠。

• 便于进行数据分析：虚拟主播直播过程中的互动和购买数据能够得到准确的记
录和分析。对品牌而言，这些数据是了解消费者喜好和购买行为，进而优化产品和营
销策略的宝贵资料。

• 便于使用创意元素：虚拟主播可以在直播中使用丰富的创意元素，如特效、虚
拟场景等。

• 互动性较强：他们可以与观众进行互动，回答问题、提供建议，促使观众下单，
给观众带来乐趣。

总的来说，虚拟主播具有持续在线、可定制、能克服语言和文化限制、节约成
本、便于进行数据分析、便于使用创意元素和互动性强等多种优势，能为消费者提供
更真实的购物体验，便于消费者体验产品，做出购买决策。图 7-3 和图 7-5 所示就是
根据作者照片（见图 7-4）生成的虚拟主播。

图 7-3

图 7-4

图 7-5

5. 智慧仓储配送为供应保驾护航

AIGC 在提升智慧仓储能力方面发挥了重要作用。智慧仓储是利用人工智能技术和自动化系统来提升仓储物流的效率和精确性的一种仓储管理理念。AIGC 通过其强大的算法和数据处理能力，为智慧仓储系统提供了关键支持。AIGC 能够通过分析大量数据，识别仓储过程中的潜在问题和瓶颈，从而优化仓储布局和物流。它可以预测货物的需求量和最佳存储位置，以最大限度地提高仓库空间利用率和货物处理效率。

而且，AIGC 可以实时监控仓储操作并进行智能调度。它可以通过物流信息和仓库数据实时分析货物的流动情况，优化货物的存储和配送路径，以避免拥堵和延误。同时，AIGC 能根据货物的重要性和时效要求，自动调整仓库内货物的排列，确保高价值货物得到优先处理。

此外，AIGC 还能与其他智能设备和系统进行集成，实现智能化的仓储操作。它可以与自动化货架、机器人搬运车等设备协同工作，实现无人化的仓储操作。通过与物联网技术结合，AIGC 可以实时收集和分析各种传感器数据，从而更好地监控仓库环境和货物状态，确保仓储的安全和稳定。例如，一个电商平台使用 AIGC 来进行订单处理和物流管理。当顾客下单后，AIGC 可以立即分析订单的内容、地点和时效要求，并与智能仓储系统进行通信。根据订单的特点，AIGC 可以自动将订单中的商品分配到最佳的仓库位置，并生成相应的存储和配送计划。AIGC 还会实时监控库存量和订单状态，当库存达到警戒线时，自动触发补货流程，并与供应链系统进行协调，以确保库存的及时补充。同时，AIGC 可以根据订单的紧急程度和目的地的距离，自动优化货物的配送路线，以实现快速和准确送货。当某个仓库区域的货物需要出库时，AIGC 可以与自动化货架系统进行通信，指导货架按照最优顺序提取货物，并交由自动化搬运车或机器人运输。这样不仅比人工操作更节省时间，而且能避免许多错误，进而提高仓储和物流的效率。

将 AIGC 与智能仓储系统结合，电商平台可以实现更快速、准确和智能的仓储和物流管理。这样不仅能提高订单处理和产品交付的效率，还能提升消费者的满意度，同时减少对人工操作的需求，降低成本和错误率，增强企业竞争力，扩大利润空间。

7.2 AIGC 在传媒行业的创新场景——人机协同创作，推动传媒向智媒转变

随着全球信息化水平的快速提升，人工智能与传媒行业的融合也在加快。在这浩大的变革浪潮中，AIGC 作为一种创新的内容生产方式，实现了对传媒行业的全方位赋能。

首先，它大幅提升了内容生产的效率和质量。通过使用写稿机器人和采访助手，媒体工作者可以快速获取信息、撰写文章，节省大量的时间和精力。视频字幕生成和语音播报技术则使得多媒体内容的创作和传播更加高效和便捷。

其次，AIGC 为传媒行业创造了全新的商业机会和增长空间。借助智能推荐和个性化分发技术，媒体能更准确地了解用户的需求和兴趣，为他们提供个性化的内容，精准投放广告。这不仅增强了内容对用户的吸引力，也提升了广告的转化率。

最后，AIGC 的应用成为传媒行业发展的新动能和新方向，它促使媒体不断创新，探索更加丰富多样的内容形式和传播方式。从虚拟主播到 AR 技术的应用，AIGC 驱动媒体融合深度发展，为用户带来了更沉浸、更个性化的内容体验。

7.2.1　AI 赋能新闻创作，提升新闻资讯的时效性

AI 为新闻创作赋能，极大提升了新闻资讯的时效性和质量，在以下几个方面体现出明显的优势。

• 快速内容生成：AI 可以快速生成多媒体内容，包括图片、文字、音频和视频。例如，AI 可以根据文本描述自动生成数字人讲解视频，这能大大加快新闻报道的制作速度。这样的技术应用可以使新闻报道更具视觉吸引力，吸引更多用户。

• 热点话题监控和提炼：AI 能够监控并总结热点话题。通过分析社交媒体信息等大量数据，AI 可以迅速捕捉到当前社会热议的话题，并提炼出关键信息。这使得新闻机构能够及时报道热门事件，并为读者提供相关信息。

• 数据分析和深度报道：当新闻机构得到第一手消息时，AI 可以立即结合相关历史数据和近期情况，生成具有一定水平的分析报告和评论。AI 可提供严谨的思考过程（chain of thoughts），并会基于原始信息生成内容。这种能力能为新闻媒体更深入、更全面的报道提供参考。

• 决策辅助和趋势预测：AI 可以辅助决策，预测潜在趋势和提供决策建议。通

过分析大量数据和趋势模式，AI 可以为新闻编辑和决策者提供有价值的信息，帮助他们做出准确的判断和决策。

• 相关信息挖掘与推荐：AI 可以根据用户的兴趣和阅读历史，向其推荐更多相关新闻资讯。AI 技术可以根据用户的阅读行为分析其喜好，为他们提供个性化的新闻推荐，提升用户体验。

一家新闻机构可以利用 AI 技术，通过自动摘要生成器快速提取一篇新闻报道的关键信息，而且可以监测社交媒体平台上的热点话题，为新闻编辑提供相关数据和观点，帮助他们快速总结和提炼热点问题。AI 还可以辅助决策，预测潜在趋势，帮助编辑和决策者做出准确的判断。

ChatGPT 的快速生成能力使编辑们能够更高效地应对工作压力和时间限制。只要输入关键词或需求，ChatGPT 就能快速生成初稿，给编辑启发。编辑可以基于 ChatGPT 提供的初稿，进行进一步的修改、扩展和优化，以确保内容的准确性、质量和独特性。可见，在编辑构思、撰写、修改和拓展思路等的过程中，ChatGPT 起到了显著的辅助作用。有了这个得力的工具，编辑可以根据内容的重要程度，合理安排时间和资源，有条不紊地处理快讯、重点报道、深度解读等不同类型的内容。一个优秀的编辑甚至可以完成之前需要多个人完成的工作量。

虽然 ChatGPT 提供了强大的助力，但优秀的编辑仍然是不可替代的。编辑的经验、洞察力和判断力是确保内容质量和独特性的关键因素。编辑需要与 ChatGPT 深度协作，确保最终呈现给用户的内容有深度、够可靠、有价值。

当然，AIGC 的发展确实也给行业带来了一些挑战，如可能生成虚假或有害信息。更加有效的信息监管和更加强大的虚假信息识别能力必不可少。只有这样，才能维护一个相对健康和友好的网络环境。

为了应对这些挑战，各方正在积极研发和应用相关技术，建立强大的内容过滤和监管机制。这一机制可以通过机器学习和自然语言处理技术来实现：训练模型识别和标记虚假或有害信息，并限制其传播，甚至将其从互联网上删除，同时向用户提供准确的信息，澄清事实。这样可以减少虚假信息造成的负面影响。例如谷歌推出的 Fact Check 工具，它能利用 AI 技术对新闻报道进行事实核查，将文章中的信息与数据库里已经核实过的内容进行比对，给该文章的真实性评级。这种技术可以帮助读者更加明智地评估信息的可信度，降低被虚假信息误导的风险。

7.2.2 AI 赋能音频和视频创作，提升内容的传播价值

AI 的语音识别和语音合成功能，能实现文本和音频之间的转换，进而被广泛应用于文章创作、新闻报道、直播解说、电影配音等领域。同时，AI 技术在视频剪辑、监控、虚拟现实、增强现实、在线游戏和广告等方面也发挥了重要作用。

例如，《流浪地球 2》利用深度伪造（Deepfake）等技术，成功还原了刘德华和吴京年轻时的容貌，使他们能够自然地演绎与自身年龄差距较大的角色。这一突破性的技术应用为影视创作开辟了全新的可落地的可能性。

深度伪造技术是一种基于 AI 的图像合成技术，通过深度学习算法和大量数据训练，能够将一个人的脸部特征合成到另一个人脸上，使后者看起来和前者一样。以往，角色的年龄可能会对演员造成限制。有了深度伪造技术，演员就可以更自由地扮演不同年龄段的角色，这在一定程度上也有利于电影的表达，使观众能够更加沉浸在电影的世界中。

另外，动态捕捉、表情跟踪和快速渲染等技术的应用也扩展了影视创作和其他领域的创新空间，提升了视觉效果和用户体验。

我们耳熟能详的电影《阿凡达》以其惊人的视觉效果和创新的技术应用而闻名。其中动态捕捉、表情跟踪和快速渲染等技术发挥了至关重要的作用，在影片中创造了一个绚丽而逼真的虚拟世界。

动态捕捉技术是影视领域里一项前沿的技术，它能追踪演员的身体动作和表情，将其精确地转化为虚拟角色的身体动作和表情。借助动态捕捉技术，《阿凡达》塑造出了栩栩如生的虚拟角色。这项技术不仅提升了电影的视觉效果，也让观众更加沉浸在电影讲述的故事之中。

表情跟踪技术则进一步增强了虚拟角色的表情表达能力。通过高精度的面部追踪，电影制作团队能够捕捉到演员微妙的表情变化，并将其准确地转化为虚拟角色的表情。这使得虚拟角色能够传达丰富而细腻的情感，方便观众理解，使观众更容易产生共情。

快速渲染技术是另一项关键的技术，它使电影制作团队能够在较短的时间内生成高质量的场景和特效。在《阿凡达》中，这项技术赋予了虚拟世界惊人且逼真的细节，将天马行空的奇幻场景活灵活现地呈现出来，观众如何能不震撼？

这些技术的应用不仅使《阿凡达》成为影视技术创新的里程碑，也为整个影视行业树立了新的标杆。华丽的视觉效果，将观众带入了一个光怪陆离的魔幻世界，让观

众能与角色共同体验那段传奇的经历。

除了应用在《阿凡达》等大制作电影中，这些技术在其他类型的影视作品中也发挥着重要作用。例如，动态捕捉、表情跟踪和快速渲染等技术广泛应用于动画片、特效电影和游戏中，为观众呈现出一个个绚丽多彩的虚拟世界。

科技发展日新月异，这些技术将不断提升影视创作的水平和质量，为观众带来更加震撼的体验。这些技术的应用亦不会局限于影视，还将扩展到其他领域，如在线游戏和广告等。对于在线游戏，这些技术能提升游戏角色的真实感和表现力，使玩家更加身临其境。通过快速渲染技术，游戏开发者能够实时生成逼真的特效，为玩家带来更加震撼和流畅的游戏体验。对于广告制作，采用动态捕捉和表情跟踪技术，可以构建更具真实感的虚拟形象，吸引观众的注意力。快速渲染技术的应用则能提高广告制作的效率，使得创意能够更快地转化为最终的广告作品。

在视频剪辑方面，AI 技术能辅助视频剪辑师快速剪辑。例如，Adobe Premiere Pro 具备以下智能化功能：智能修剪功能，可以根据音频和视频的节奏自动裁剪素材，使剪辑过程更加高效；智能搜索功能，可以快速查找关键字、标签和场景，帮助用户在海量素材中快速定位需要的片段；自动归档和整理功能，能够根据时间、日期、关键字等信息自动整理素材库，方便后续的管理和查找。这些智能化功能大大提升了剪辑工作的效率，减少了繁杂的手动操作，使剪辑师能够更专注于创意编辑。另一款广受欢迎的智能化剪辑工具——DaVinci Resolve 集成了高级人工智能技术，包含智能剪辑、自动颜色校正、音频修复等功能。它还具备智能色彩校正功能，可以自动检测和调整视频的色彩和对比度，使得图像质量更加出色。另外，DaVinci Resolve 提供智能音频修复功能，可以自动消除噪声、修复失真音频等。这些技术的应用不仅提升了传媒行业的生产效率，而且提高了音视频内容的质量和吸引力，使得传媒从业者能够更加专注于创意和故事的表达，不必花费大量时间在后期制作上，为观众提供更丰富、更具吸引力的视觉体验，进一步提升内容的传播效果。

虚拟主播的出现，开创了新闻领域采用虚拟人播报新闻的先河。只需输入所需播报的文本内容，计算机就能生成相应的虚拟主播播报新闻的视频，视频中人物的音频、表情和唇动作自然、一致，信息传达效果几乎与真人主播无异。随着 AI 技术的进一步发展，虚拟主播在传媒领域的应用前景将更加广阔。

7.2.3 AI 赋能推荐系统，提升用户黏性和用户体验

现有的推荐系统主要依赖机器学习技术，通过分析用户特征、内容特征、交叉特征和时序特征等，形成成熟的推荐方案。然而，随着 AIGC 技术的出现，内容生产和推荐过程将迎来巨大的变革。AIGC 可以快速挖掘潜在的热点方向，生成爆款内容，并精准投放给目标人群。这种从生产到分发的一体化将给原有的推荐方式带来一定冲击，甚至可能取代传统的人工运营。

例如，一个电影推荐平台的推荐系统主要基于用户的观影记录和评分，以及电影的类型、导演、演员等特征进行推荐。应用 AIGC 技术后，平台可以根据最新电影、社交媒体上的热门话题和用户的兴趣爱好，快速挖掘潜在的热点方向，并生成相应的推荐内容，如观影指南、演员专访、幕后花絮等。这样，平台可以更准确地抓住用户的兴趣点，提供个性化的电影推荐，提升用户的观影体验。

利用自然语言处理和机器学习技术，传媒机构能够吸引更多的目标受众，提高用户黏性和忠诚度，为用户提供更丰富、更具深度的内容。传媒机构也将更好地了解受众需求，优化内容策划和生产，增加内容曝光，提升自身影响力。

7.3 AIGC 在金融行业的创新场景——银行零售新范式

2023 年 6 月，麦肯锡发布了研究报告——《生成式人工智能的经济潜力》。报告分析了生成式 AI 对哪些业务场景影响最大，以及对哪些行业冲击最大。生成式 AI 提供的价值潜力中，约有 75% 来自 4 个领域：客户运营、营销和销售、软件工程、研发。麦肯锡指出：银行、高科技和生命科学等行业受生成式 AI 的影响可能是最大的。银行业是一个知识和技术驱动的行业，此前已经从 AI 在市场营销和客户运营等领域的应用中获益匪浅。预计 AIGC 技术为整个银行业带来的价值相当于 2000 亿～ 3400 亿美元。

那么，AIGC 将在哪些方面为银行的零售赋能呢？

1. AIGC 赋能银行零售业务范式

AIGC 可为中国的银行提供高智能的 AI 员工，对 AI 员工进行预训练，可使其掌握银行零售业务知识和沟通技巧，基本能达到具备 1 ～ 3 年工作经验的客户经理的智能水平。为国内银行的客户经理配备 AI 员工助手，能实现运营领域的降本增效。预计到 2025 年，中国的银行将有 10 万名 AI 员工上岗，提供每年 50 亿次以上的 AI 智能服务。

2. AIGC 赋能银行零售技术路线发展

ChatGPT 出现之前，银行也可以对基于谷歌 BERT 模型的 AI 进行预训练，使其能够理解金融业务，并做出相应决策，但 AI 输出的答案都基于知识图谱。

ChatGPT 的出现，为 AI 业务开辟了新的想象空间，ChatGPT 的技术创新和优势主要有以下 3 点。

• ChatGPT 通过连接大量的语料库来训练模型，训练使用了约 45TB 数据，其中包含多达近 1 万亿个单词的文本内容，这使得 ChatGPT 与用户交流时，与真正的人类几乎无异。

• ChatGPT 引入了 RLHF（从人类反馈中强化学习）技术，在训练过程中，人类训练者扮演着用户和助手的角色，这比过去"模型输出结果 + 人工标注结果"的训练模式更省时省力，效率也更高。ChatGPT 充分利用强化学习的尝试探索能力，成功应对了开放域任务空间太大的挑战，取得了很好的效果。

• RLHF 还实现了 AI 模型的输出和人类常识、认知、需求、价值观的一致。

但是，在目前的银行服务中，ChatGPT 的输出还达不到金融行业的高可靠性要求。此外，由于可供 ChatGPT 学习的金融领域数据源非常少，因此它还不具备足够的知识储备。

因此，面对快速发展的技术和不断变化的社会期望，金融行业可能将基于内部数据集进行大型语言模型训练，并以结果为中心，以合规的方式构建金融行业的垂直大模型和 AIGC 能力。

譬如，金融行业会首选自研本行业的大型语言模型，采集一定数量的高质量金融行业数据集，据此形成提示词数据集；再利用经由有监督数据微调过的预训练模型，测试该提示词数据集，得到数个输出；之后，使用奖励模型对数个输出进行打分，计算奖励数值，接着不断迭代，这个 AI 就会具有持续自学习的能力。

AI 和用户对话的场景越丰富，用户输入和反馈的次数越多，AI 和用户深度交流的智能水平就越高，可以逐步实现与用户交流金融产品、进行推荐、帮助用户进行资产配置和组合、帮助用户办理业务等能力，如图 7-6 所示。

从应用场景的角度看，金融零售其实是天然的 AIGC 场景。银行客户经理的核心工作就是销售和转化客户。下一代 AI 将被集成到现有工作流中，帮助客户经理更加高效地处理包含客户触达、联系、销售在内的整个业务闭环。

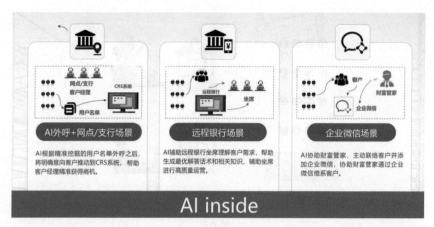

图 7-6

生成式 AI 和配置式 NLP 的区别在于，以生成式 AI 为基础的对话机器人，和传统的配置式 NLP 机器人不同，生成式 AI 基于金融大规模数据集进行学习后，将具有策略智能，可根据不同的语境和意图输出应对策略，可以说具有某种"随机应变的智慧"，可用于营销场景，大大提高银行线上互动营销的效率。

不仅如此，生成式 AI 还将嵌入银行的各种业务场景，实现各种模态的人机协同。具体场景如下。

场景 1：AI 提醒营销。AI 可以主动发展客户的需求，告知客户经理何时该跟进哪一位直营客户，并自动生成预设格式的营销素材，包括文本话术、链接、图片等，展示金融产品的卖点和关键标签。

场景 2：AI 协助触达营销。可直接由 AI 与长尾客户进行电话沟通，AI 将以客户经理的身份主动介绍产品卖点。

场景 3：AI 提供营销建议。当客户经理通过电话或企业微信等直接和客户沟通时，AI 也会在旁跟踪，并实时根据 AI 对客户问话的理解，形成"应答建议"和"推荐建议"。客户经理在 AI 智脑的辅助下，将如同掌握了产品知识库和话术库，沟通效率更高。

场景 4：AI 生成会议纪要和报表。

总之，通过金融垂直语料库和知识库数据集进行生成型预训练，类 GPT 的金融 AI 将能根据金融零售的具体场景提供服务，成为客户经理的得力助手，从而解放客户经理的生产力，实现降本增效，如图 7-7 所示。

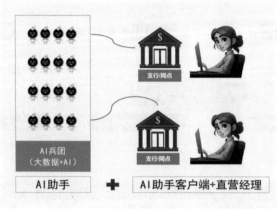

图 7-7

除了将大模型运用于银行零售的工作流中，也可以将 AIGC 用在银行内部的研发、风控、金融任务、HR 管理、CRM 等工作中，从而实现效率的大幅度提高。未来的银行一定是 AI 和人类充分协同，提供高品质服务的场所。

7.4 AIGC 在教育行业的创新场景——苏格拉底式的问答模式和 AIGC 可视化创新

从本质上看，教育需理解和分解学生的思维和逻辑过程，并以正确或相对准确的方式教导和辅助学生，使学生知道、领会、举一反三、熟练掌握和应用、创新创造、反馈迭代。

AIGC 赋能教育，将产生良好效果，具体体现在以下几个方面。

• 由于与大模型的沟通是渐进式、学习型的，与和学生沟通的过程类似，而且大模型调参后的语言准确度、知识丰富度非常高，所以其可以充当教师和助教的角色。

• 大模型逐步求精（fine tune）的特质，与苏格拉底式提问 [1] 的理念相合，有助于学生一步步获得更深入的认识。

• 早在春秋时期，孔子就提出过因材施教的理念，强调教育个性化，认为教育应注重学生的特点和需求，这一理念对现代教育仍有重要的价值。AIGC 技术的应用与此理念契合，为实现个性化教育提供了更多可能。

---

[1] 苏格拉底式提问中往往会引导对话对象逐步推进思考，而非直接给出答案。这种方式通常具有以下特点：开放式问题、引导性问题、反思和自省、对话的平等性。它十分有助于师生深入思考问题，挑战假设和观点，共同构建知识体系。

• AIGC 中的多模态和跨模态生成，能将很多只停留在想法层面，说不出来或说不清楚的概念和想象可视化，从而进一步启发相关人员，实现高效创新。

因材施教主张根据学生个体的特点，量身定制教育内容和教学方法，以促进他们的学习和成长。AIGC 可以在以下方面赋能因材施教的过程。

• 个性化学习体验：AIGC 可以收集、分析和理解学生的学习数据、行为模式和学习风格等信息。基于这些信息，AIGC 能根据每个学生的学习需求和能力定制教育内容和教学方法，使他们获得个性化的学习体验。

• 自适应教学：AIGC 可以根据学生的学习表现，实时调整学习计划和资源，以最大程度地促进学生的个人成长。通过持续监测学生的学习过程，AIGC 能够提供有针对性的反馈和指导，帮助他们更好地理解和掌握学习内容。

• 智能辅助教学：AIGC 还可以作为教师的智能辅助工具，深入洞察和分析学生的学习情况。教师可以借助 AIGC 的数据分析功能，了解每个学生的学习需求和进展，从而进行个性化的指导和支持。

• 教育资源的个性化推荐：AIGC 可以根据学生的兴趣、学习风格和学习目标，为他们推荐符合其个性化需求的教育资源，如教学视频、练习题等，帮助学生提升学习效果。

通过将技术和教育结合起来，AIGC 赋能因材施教过程，可实现更加个性化和有效的教育。这有助于充分发挥每个学生的潜力，在提高学生学习成绩的同时培育其学习兴趣，推动他们的全面发展和成长。

例如，钛创星是一家专注于人工智能教育的青少年教育企业，致力于通过提供全面的人工智能教育类产品，培养青少年的创新思维、编程能力和科技素养，以帮助他们适应未来的科技发展趋势，充分发挥个人潜能。钛创星专注于为 6～18 岁的学生提供高品质的人工智能教育，通过"产品 + 课程 + 比赛"的一体化模式，使人工智能在学生和教师群体中变得"好学""易学""趣学"。

很多人担心，学生会使用 ChatGPT 作弊。但钛创星认为，只要正确地使用 AI，可以在很大程度上避免这个问题。钛创星针对国内情况，使用 AIGC 进行了如下尝试。

• 当学生向 AI 助教提问时，AI 不会直接提供答案，而是引导学生逐步找出答案。

• 当学生犯错误时，AI 不仅能发现错误，还会要求学生解释他们的推理过程。AI 在这方面表现出色，能达到优秀辅导老师的水平。

• 学生学习某本著作时，可以与 AI 深入对话，讨论著作中的问题。例如，AI 可以回答《红楼梦》中贾宝玉为什么对林黛玉情有独钟的问题,这使学习变得更加有趣了。

• 学生可以与 AI 辩论,例如,辩论是否可以把 ChatGPT 引入学校使用。辩论的目的是促进思考和交流,不管学生选择哪个立场,都可以在这个过程中获得有益的见解。

• AI 可以通过提问的方式帮助学生进行阅读理解。例如,当学生阅读语文课本上的《将相和》和《廉颇蔺相如列传》等文本时,AI 可以这提问学生以下方面的内容。

◆ 关键词理解:AI 可以选择一些关键词,询问学生对它们的理解。例如,《将相和》中的“将相”分别是谁。这有助于学生理解故事的背景和人物关系。

◆ 作者意图:AI 可以问学生,为什么作者选择写这个故事。这能促使学生分析作者可能想表达的主题或价值理念。

◆ 文本细节:AI 可以提问学生故事细节,以帮助他们理解人物和情节发展。例如,学《将相和》中发生了什么冲突,《廉颇蔺相如列传》中廉颇和蔺相如是如何应对困境的。

◆ 语言运用:AI 可以引导学生关注作者使用的特定词汇、修辞手法或表达方式。如询问学生,作者为什么选择使用某些词语、句式或修辞手法,要求学生解释它们对故事的影响。

◆ 主题探索:AI 可以鼓励学生思考故事的主题或给读者的启示。例如,他们认为《将相和》和《廉颇蔺相如列传》传达的核心信息是什么,以及他们对这些故事有何体会。通过提问和讨论,AI 能够帮助学生更好地理解和分析文本,增强他们的阅读理解能力,激发他们对文本的兴趣。

• AI 可以帮助学生学习写作,例如和学生共同编写一个小故事,学生写两句,AI 写两句。此外,AI 还可以为学生拟定写作大纲,或以苏格拉底式的提问和回答方式帮助学生整理思路。

发明的过程其实很难描述,因为它通常涉及创新灵感、深入研究、反复实验,以及不断的试错和改进。即便是成人,要描绘脑子中那一闪而现的灵感,进而把它展现出来(概念设计图),然后落地实现(产品原型),都十分困难。而要让学生们把脑子里的灵感说清楚、讲出来,并以此为基础,落到纸上,更不简单。

姜海斌、韩泽耀、吴家翔、王灿钰在用 AIGC 辅导学生进行可视化练习时,做了如下尝试。

带领学生为自己的作品取名,梳理作品的价值,为作品绘制抽象示意图,让学生逐渐掌握从创意到创新再到创造的实现步骤,如图 7-8 ～图 7-10 所示。

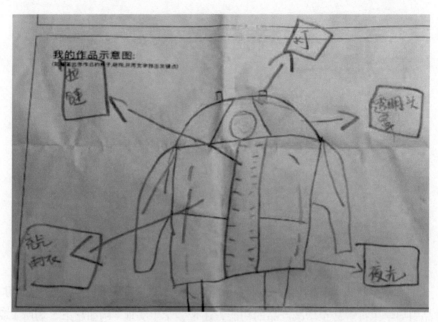

图 7-8

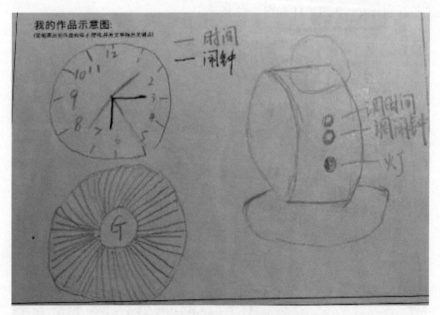

图 7-9

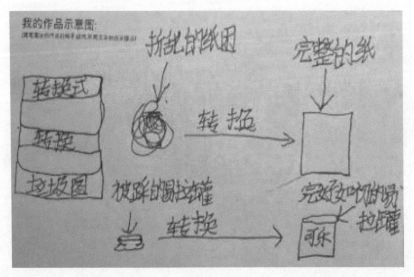

图 7-10

在辅导学生将头脑中的创意变成现实的过程中，除了在课堂上启发学生，用 PPT 或样品引导学生拆解甚至增减产品的功能，还带领学生实地（例如超市等场所）观察、试用和分析，促使学生以设计思维理解和体会产品，以一个优秀产品经理的心态来进行创新设计和开发，如图 7-11 和图 7-12 所示。

图 7-11

图 7-12

由于学生甚至指导老师的思路、经验、能力等难免有局限性，这时师生会借助
AIGC 工具，如 Midjourney 的强大理解能力，将创新的想法可视化。

图 7-13 所示是学生设计的和太空服类似的充气雨衣，带有一个充气的透明头罩。
当这张图片出现在学生们眼前时，大家都"哇"地叫起来，说自己比他想的还要先进。

图 7-13

图 7-14 则是一个有夜光功能的闹钟风扇，创意挺有趣的。

图 7-14

图 7-15 和图 7-16 是带有显示屏的购物推车。

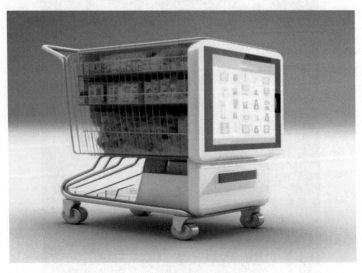

图 7-15

图 7-16

还有一个作品是功能和瓦力（WALL-E，Waste Allocation Load Lifters – Earth-
Class，即地球废品分配装载员，动画片《机器人总动员》的主角）类似，但外观和瓦
力不太像的垃圾清扫机器人，它会用机械臂把垃圾抓起来放入自己的垃圾筐里，如
图 7-17 和图 7-18 所示。

图 7-17

图 7-18

让创新思考过程可见、可视，确实是 AIGC 赋能教育的一个突破口。

除此以外，AIGC 还能给教育领域带来诸多好处。让我们以 AI 辅助的在线学习平台为例，梳理 AIGC 对教育方式的革新。

• 个性化学习：AI 能根据每个学生的学习速度、学习方式及兴趣点进行个性化的课程设计。这种方式不仅能提高学生的学习效率，还能极大地提升学生的学习兴趣。

• 智能评估：AI 能够自动评估学生的作业，包括写作，甚至能对语音进行评估。此外，AI 还能够监控学生的学习进程，并向教师提供反馈，以便教师调整教学计划。

• 虚拟助教：AI 助教可以回答学生的问题，解释复杂的概念，甚至进行一对一的辅导。这种方式不仅减轻了教师的工作负担，也让学生能够随时随地学习。

• 在线实验：在 STEM（科学、技术、工程和数学）教育中，AI 可以创建模拟实验环境，让学生在安全的环境中进行实验，探索科学世界。

• 提升教师效率：AI 可以帮助教师管理课堂，包括管理学生的出勤率、参与度等，让教师能够更专注于教学。

未来，AI 在教育领域的应用将更加广泛和深入。

7.5 AIGC 在工业领域的创新场景——合成数据集，助力机器人产品研发

很多机器人产品的核心感知智能是依靠计算机视觉算法实现的。感知是机器人学里的一个名词，简单来说就是理解机器周围有什么，从而根据特定的任务来进行决策。一些机器人安装了摄像头及可以进行 AI 模型推理的 AI 芯片，摄像头好比眼睛，芯片好比大脑，而芯片上搭载的 AI 模型好比思考的过程。比如，在空旷的草坪上，机器人在割草，前面突然有一只地鼠从草丛里钻出来，摄像头拍摄到的视频传入芯片，芯片上部署的 AI 模型通过算法识别前面出现了一个动物，这个时候机器人就不应该往前继续割草，而是应该停下等地鼠离开或者绕过。

AI 视觉的核心任务是目标检测和语义分割。简单来说，目标检测就是通过算法确认图片中一些重要的目标在图片中的位置，通常来讲就是把图片中可能的目标物体用一个个"框"框起来，并给出这类物体出现的概率，当概率超过一个阈值时，我们认为框里大概率有我们想找的物体。

图 7-19 是割草机器人上配置的摄像头拍到的一张图片，图中显示了目标检测后生成的一些框及对应类别物体的出现概率，这些类别可以是庭草坪中常见的玩具、瓶子或人。对于避障这样的任务，目标检测是非常重要的。

图 7-19

语义分割，简单来说就是对图片中的每个像素点都进行分类，类别可以根据不同的任务来设定，可以是 10 种，也可以是 100 种。语义分割是一种更精细的计算机视觉任务。如图 7-20 所示，左图是割草机器人拍到的一张图片，右图是把图片经过 AI

语义分割模型计算后，给每一种类别的像素点都染成一种颜色，淡绿色代表草坪，淡蓝色代表道路，咖啡色代表背景。割草机器人执行任务时，可以进一步通过算法对分割结果进行处理，得到草坪边界信息，这些信息对于割草机器人的一些核心任务，如自动沿边建图、贴边割草等都是非常关键的。

图 7-20

目标检测和语义分割 AI 视觉模型的搭建过程和现在主流的 AI 模型一样，都是算法工程师先设计出一种神经网络模型，然后通过标注好的数据训练这个神经网络模型，得到一组参数，再把这套训练好的参数与神经网络部署到机器人 AI 芯片上。这样，机器人在实际工作过程中，就会把摄像头拍到的每一帧图像传送给带参数的神经网络模型，要实现上面提到的目标检测或语义分割效果，需要大量不同细分领域经过标注的数据。例如，为了训练割草机器人的视觉 AI 模型，需要将大量与庭院场景有关的经过标注的数据提供给模型训练，这就得做两项工作：数据集的采集和数据集的标注。这两项工作都非常耗时耗力。

AIGC 可以合成数据集，赋能工业机器人产品研发。数据采集和数据标注的传统方法都是劳动密集型的。大家常开玩笑，说人工智能是"人工"+"智能"，其中数据的采集和标注工作就是需要"人工"完成的部分。采集数据并合成数据集，需要工程师用我们提供的采集装置，去庭院或者带有草坪的场景拍摄视频。图 7-21 所示就是采集的庭院图片。因为数据集的质量和场景的丰富程度息息相关，所以有的时候需要费尽心思去寻找或者布置不同的场景来进行数据采集。数据集采集回来后，就要进行标注。目标检测 AI 视觉模型的数据标注，就是在每张图片上标注一个个框，还相对简单。而语义分割 AI 视觉模型的数据标注需要标注每一个像素点的类别，相对费力。

虽然一般而言语义信息相同的物体，会在图片中聚集成一块一块的，可以通过标注边界的方式来进行语义类别的标注，但是因为训练数据集对标注精度的要求较高，即使标注不同语义信息不规则像素级的边界，也很麻烦，所以语义分割数据集标注的人力成本很高。

图 7-21

　　除了派人到真实场景采集数据之外，还可以通过算法直接生成数据，这就是合成数据集。图 7-22 所示是一个合成的庭院草坪场景图片。合成数据的成本很低，因为不需要人工采集数据，可以在算法中进行调整，短时间内生成大量的训练数据。合成数据一般自带标签，比如自带每个像素点的类别，所以省去了标注环节。合成数据集最早是用生成对抗神经网络的技术来生成的。然而因为存在域间隙（domain gap），早期的合成数据集与真实数据还有差距。随着以 CLIP 和 Stable Diffusion 为代表的 AIGC 图片生成模型的发展，目前通过 AIGC 生成大量逼近真实的训练数据集是可以期待的，这将极大地降低数据集采集和标注成本；同时生成数据集的效率也将极大提升，至少能提升 1000 倍。

　　AIGC 不仅可以生成数据集，还可以在模拟器（Simulation）中生成逼真的仿真环境，让割草机器人在这样的环境里做各种测试，来代替真实环境中的测试。这就对 AIGC 提出了更高的要求：不仅能生成接近真实的数据，还能生成更加接近物理世界的仿真环境，可以让仿真环境中的测试无限逼近物理世界中的测试，这将给企业节约非常多的测试时间、资金和人力成本。图 7-23 所示就是一款割草机器人在仿真环境中的模型。

图 7-22

图 7-23

第 8 章

如何有效应对 AI 革命

这一次的 AI 革命会比互联网革命来得更快、更猛烈、更全面。

在这场 AI 革命中，个人将面临更多机会和挑战，需要适应新的技术环境，提升 AI 素养，从而更好地与 AI 协同工作。对于企业和组织来说，AI 的广泛应用将改变业务模式，优化工作流程，提高效率和创新能力，从而获得持续竞争优势。

（8.1） 关于个人

在不远的将来，人工智能会广泛应用于世界的不同角落。人们将以不同的方式与 AI 互动，并从中受益。然而，由于人们对 AI 技术的接触和掌握程度不同，对 AI 的应用水平显然会有所区别。据此，我们可以将人群分为以下 4 个类别。

1. AI 创领者（AI Innovator）

AI 创领者是指在 AI 领域做出突破性创新、领导发展并引领行业进步的人员。他们在研究、开发和推进 AI 技术的前沿，致力于实现新的 AI 应用和解决方案，为 AI 技术的进步做出贡献。他们在 AI 技术、应用或商业模式方面发挥着积极的开创性作用，推动着 AI 技术的不断进步和 AI 应用的扩展。AI 创领者的贡献对于推动整个人工智能领域的发展和社会的进步都具有重要意义。

2. AI 推进者（AI Advocate）

AI 推进者是指那些熟练应用 AI 技术解决问题的人员。他们了解 AI 技术的原理和应用方法，能够灵活运用 AI 工具和算法，将其应用于实际业务场景中。在各自的领域中，他们能充分利用 AI 技术的优势，提高效率和创造力。AI 推进者在促进和推动 AI 的发展方面具有举足轻重的作用。

3. AI 素养者（AI Literate）

AI 素养者是指对 AI 技术有基本了解，但并不专门从事 AI 领域工作的人员。他们了解 AI 的基本概念和应用场景，理解 AI 技术在生活和工作中的应用，但不一定具备深入的 AI 技术知识和专业能力。他们可能会在工作和生活中运用 AI 技术提高效率。AI 素养者在促进和推动 AI 发展的过程中扮演着基石的角色。

4. AI 绝缘者（AI Disconnected）

AI 绝缘者是指那些对 AI 技术不熟悉或没有机会接触 AI 技术的人群。他们可能没有多少了解 AI 技术的机会，也没有足够的资源学习和应用 AI 技术，被排除在 AI 发展的进程之外。

如图 8-1 所示,这 4 类人将处在一个橄榄球型的结构中,其中 AI 创领者和 AI 绝缘者分别处于橄榄的左右两端,AI 推进者和 AI 素养者则构成了橄榄的主体,当然,AI 素养者所占比例可能会更大一些。

这种分类是基于对 AI 技术的接触和掌握程度进行的划分,并不意味着人们的价值和地位有高低之分。重要的是,每个人都有学习和成长的机会。通过持续学习和培养新的技能,每个人都能够适应并参与 AI 时代的发展。这将有助于创造一个更加包容和平等的社会,让每个人都能够享受到 AI 技术带来的好处。

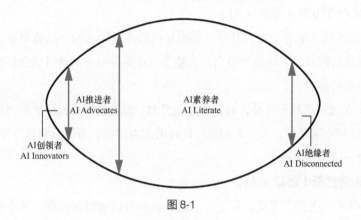

图 8-1

8.2　关于企业和组织

在未来,我们将目睹"一人公司""小规模公司""一人部门""小组部门"的崛起。

利用各种 AI 助理,一个人便能完成大量工作,甚至可以运营一家公司。同样,公司人员也会大幅缩减。一位能够熟练应用 AI 的设计师,就可以支撑整个公司的设计需求;一位懂得利用 AI 的文案人员,就能胜任整个公司的文案任务;一个会运用 AI 的开发工程师,就可以独立完成原来需要多人合作的工作。

另外,企业当前应该如何应对 AI 的冲击呢?

我们认为,企业可以采取以下范式应对 AIGC 冲击,如图 8-2 所示。

图 8-2

1. 工作配合 AI（工作 +AI）

确保所有员工都能熟练使用与其工作相关的 AI 技术，以提升工作效率。员工工作效率提高，公司的竞争力将超过同业。

2. 业务融入 AI（业务 +AI）

思考当前的业务，探索哪些业务能与 AI 技术结合，从而提升现有业务的效率。例如，深耕私域的企业可以考虑将私域营销与 AI 技术结合，直播行业的企业可以将直播与 AI 技术结合，内容创作行业可以将内容创作与 AI 技术结合等。

3. 扩展 AI 型业务（业务 ×AI）

将 AI 技术融入业务能力，开发能够满足内部业务需求的产品或服务，并在满足业务内部需求的同时，实现能力溢出，为整个行业提供服务。这可能会促成边际成本极低的新业务的出现。

虽然实现这一点并不容易，但朝此方向努力，或许能释放出巨大的可能性。尤其是 AI 革命浪潮刚刚开始，每个人都是从同样的起点出发，万事万物都需要 AI 赋能的现在，机会一定是巨大的。

4. AI 倍增创新（创新 ×AI）

以 AI 技术为支撑，突破原有业务限制，重新审视和解决问题，从全新的视角展开思考。就像互联网革命催生了许多了不起的互联网公司（如 BAT），移动互联网革命孕育了许多强大的移动互联网公司（如美团、字节跳动），AI 2.0 也将推动许多"原生" AI 公司的诞生。

AI 倍增创新的目标是开辟全新的市场，推动行业的颠覆性变革，提出更高效、更智能的解决方案，建设具备强大竞争力的新一代企业。

这 4 个范式能帮助企业积极应对 AI 2.0 的冲击。"工作 +AI"强调员工使用与工作相关的 AI 技术，以提升效率；"业务 +AI"着重将 AI 技术与现有业务结合，以提升业务效率；"业务 ×AI"指的是利用融入 AI 技术的业务能力为整个行业提供服务，开发新的业务；"创新 ×AI"则强调从全新视角出发，探索创新并推动"原生" AI 公司的诞生。

不仅如此，AI 革命还将深刻重塑教育、医疗、文化和媒体等多个领域。教育领域将着力探索智能化教学和个性化学习等；医疗领域将专注于攻克精准医疗和智能辅助诊断等技术；文化和媒体领域则将借助 AI 技术创作出更具创意和多样性的作品，以满足人们对不同内容的需求。其他不同领域也会发生类似的变革和创新。

　　总体而言，这场 AI 革命将催生新兴产业和许多领先的 AI 公司，推动科技和社会的共同进步。在这个充满机遇和挑战的时代，那些能够积极应对、敢于创新的个人、企业和组织，将成为引领新时代发展浪潮的重要力量。

附录

AIGC 小知识

附录 A   AIGC 的发展历程

以下是 AIGC 的发展历程和其中涌现的重要技术。

· 早期的自然语言处理（Natural Language Processing，NLP）技术：在 AIGC 发展的早期，自然语言处理技术主要用于理解和生成简单的文本内容。这些早期的系统通常基于规则，需要大量人力编程。

· 统计机器学习：随着机器学习的发展，人们开始使用统计模型来生成文本。这些模型可以从大量的文本数据中学习语言的模式，然后生成新的文本。

· 深度学习和神经网络：近年来，深度学习和神经网络已经成为 AIGC 的主要技术。这些模型可以处理更复杂的语言模式，并生成更自然、更有创意的文本。例如，递归神经网络（Recursive Neural Network，RNN）和变换器（Transformer）模型已经在许多 AI 写作系统中得到应用。

· 预训练语言模型：预训练语言模型，如 GPT 和 BERT，已经成为 AIGC 的主要工具。这些模型在大量的文本数据上进行预训练，然后可以用于各种任务，包括文本生成。

· ChatGPT 和其他高级模型：OpenAI 的 ChatGPT 是一个预训练语言模型，它可以生成非常自然的对话文本。这一模型的出现是 AIGC 发展之路上的一个重要里程碑，因为它可以生成高质量的、有创意的文本，而不仅仅是简单的、基于规则的内容。

未来，我们可以期待 AIGC 技术的继续发展，AIGC 工具生成的内容将更加自然、有创意，并能更好地适应特定的应用场景。

附录 B   ChatGPT 简介：从 GPT-1 到 GPT-4 的发展历程和 应用领域

以下是从 GPT-1 到 GPT-4 的发展历程和应用领域。

· GPT-1：GPT-1 是 OpenAI 于 2018 年发布的第一个版本，它使用了一个包含 1.17 亿个参数的模型。GPT-1 在多种语言任务上表现出色，包括翻译、问答和阅读理解。

· GPT-2：GPT-2 于 2019 年发布，它的参数规模增大到了 1.5 亿个。GPT-2 的文本生成能力令人印象深刻，它可以生成连贯、有趣且通常语法正确的段落。然而，OpenAI 最初选择不公开 GPT-2 的完整模型，以防止滥用。

· GPT-3：GPT-3 于 2020 年发布，它的参数规模增大到了 1750 亿个参数。GPT-3 在多种语言任务上表现出色，包括翻译、问答、阅读理解和写作。GPT-3 的一个重要特性是它的"零样本学习"能力，即在没有任何特定任务的训练样本的情况下，仅通过调整输入内容，就能执行各种任务。

• GPT-4：GPT-4 于 2023 年发布，这个 AI 模型具有理解更复杂输入的能力，并且一次能处理多达 25000 个单词的文本。GPT-4 可以读取特定网页文本的内容。GPT-4 还改进了模型的"对齐"能力，使其生成的内容更准确，并且降低了生成冒犯或危险内容的可能性。用户可以输入图片和文本，但 GPT-4 不能输出图片。GPT-4 还可以简化编程任务，并在各种测试中表现出色。

GPT 系列模型已经被广泛应用于各种任务，如下所示。

• 文本生成：例如，生成新闻文章、博客文章、诗歌、故事等。

• 对话系统：例如，ChatGPT 可以用于创建聊天机器人。

• 问答系统：GPT 模型可以用于创建问答系统，用户提出问题，模型生成答案。

• 翻译：GPT 模型可以用于机器翻译任务。

• 编程辅助：例如，OpenAI 的 Codex 模型（基于 GPT-3）可以生成代码，帮助程序员解决编程问题。

附录 C　自然语言处理和大语言模型简介

一、自然语言处理

自然语言处理是人工智能的一个重要分支，专注于让计算机理解、解释和生成人类语言。自然语言处理涵盖了从简单的单词级别的处理（如词性标注和命名实体识别）到复杂的句子和段落级别的处理（如情感分析和自动摘要）。自然语言处理应用广泛，包括搜索引擎、语音识别、机器翻译、聊天机器人等。

二、大语言模型

大语言模型（Large Language Model，LLM）是一种使用深度学习技术训练的模型，能够理解和生成人类语言。这些模型通常在大量的文本数据上进行预训练，然后可以用于各种任务，如文本生成、问答、翻译等。

最著名的大语言模型之一是 OpenAI 的 GPT 系列，包括 GPT-1、GPT-2、GPT-3、GPT-4 等。这些模型使用了一种称为 Transformer 的架构，可以捕捉文本中的长距离依赖关系，并生成非常自然、有创意的文本。

大语言模型的一个重要特性是它们的"零样本学习"能力，即在没有任何特定任务的训练样本的情况下，仅通过调整输入的提示，就能执行各种任务。这使得大语言模型在自然语言处理任务中表现出色。但它也带来了一些挑战，如生成带有偏见或误导性的内容。

图 C-1[1] 所示是目前大语言模型的进化树，从中能看到大模型进化的分支路径。

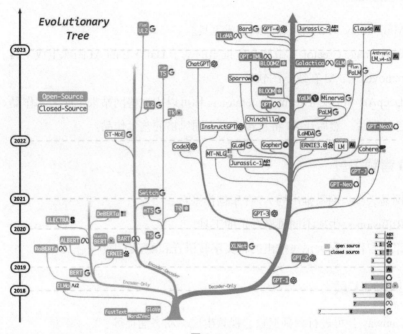

图 C-1

附录 D　AIGC 相关资源推荐

AIGC 是一个广泛的领域，涉及许多不同的技术和工具。下文盘点了一些常用的 AI 工具，助力"打工人"，让天下没有难做的工作。

一、AI 写作工具

1. Jasper：AI 文字内容创作工具。

2. Copy.ai：AI 营销文案和内容创作工具。

---

① Yang J, Jin H, Tang R, et al. Harnessing the power of llms in practice: A survey on chatgpt and beyond[J]. arXiv preprint arXiv:2304.13712, 2023.

3. Writesonic：AI 写作、文案、释义工具。

4. Article Forge：AI 文章生成器。

5. Ink for All：具有改写、写作和生成 SEO 功能的工具。

6. AI Writer：AI 内容生成平台。

二、AI 图像工具

1. Midjourney：AI 图像和插画生成工具。

2. Bing Image Creator：微软必应推出的基于 Dall·E 的 AI 图像生成工具。

3. remove.bg：AI 在线抠图软件。

4. DeepArt 和 DeepDream Generator：你可以用这些网站来生成艺术作品。比如，上传自己的图片，然后让 AI 将它转换成不同风格的艺术作品。

三、AI 音频工具

1. 网易天音：网易推出的 AI 音乐创作平台。

2. Riffusion：生成不同风格音乐的工具。

3. 讯飞智作：科大讯飞推出的将文字转语音和配音工具。

四、AI 视频工具

1. Runway：可进行绿幕抠除、视频生成、动态捕捉等。

2. D-ID：AI 真人口播视频生成工具。

3. Artflow：AI 生成视频动画。

4. Unsreen：AI 智能视频背景移除工具。

5. Synthesia：一个 AI 视频制作工具。

五、AI 设计工具

1. Microsoft Designer：微软推出的 AI 海报和宣传图设计工具。

2. Magic Design：在线设计工具 Canva 推出的 AI 设计工具。

六、AI 编程工具

1.GitHub Copilot：GitHub AI 编程工具。

2. Codeium：AI 代码生成和补全。

3. Hugging Face Transformers：Hugging Face 是一个开源库，提供了许多预训练的语言模型，包括 GPT 和 BERT 等。你可以使用这些模型来生成文本，或者对你自己的任务进行微调。

4. Runway ML：这个工具可以帮助用户将训练好的模型快速部署到生产环境中。

七、AI 对话聊天

1. ChatGPT：OpenAI 旗下的 AI 对话工具。

2. New Bing：微软推出的结合了 ChatGPT 功能的新版必应。

八、AI 办公软件

1. Gamma App：AI 幻灯片生成工具。

2. Tome App：AI 幻灯片生成工具。

3. Decktopus AI：高质量 AI 幻灯片生成工具。

请注意，使用这些工具时，你应该遵守相关的使用条款和法律法规，尊重他人的知识产权，并避免生成不适当的内容。